教育部人文社科一般项目"'寒门子弟'的奋斗：贫困大学生进取心研究"（项目号：18XJC190002）研究成果

光明社科文库
GUANGMING DAILY PRESS:
A SOCIAL SCIENCE SERIES

·法律与社会书系·

乡村振兴背景下
农村大学生进取心研究

冯　缙 | 著

光明日报出版社

图书在版编目（CIP）数据

乡村振兴背景下农村大学生进取心研究 / 冯缙著
. --北京：光明日报出版社，2024.3
ISBN 978 - 7 - 5194 - 7847 - 6

Ⅰ.①乡… Ⅱ.①冯… Ⅲ.①农村—大学生—职业选
择—研究—中国 Ⅳ.①G647.38

中国国家版本馆 CIP 数据核字（2024）第 056425 号

乡村振兴背景下农村大学生进取心研究
XIANGCUN ZHENXING BEIJING XIA NONGCUN DAXUESHENG JINQUXIN YANJIU

著　者：冯　缙			
责任编辑：刘兴华		责任校对：宋　悦　李海慧	
封面设计：中联华文		责任印制：曹　净	

出版发行：光明日报出版社

地　　址：北京市西城区永安路 106 号，100050

电　　话：010-63169890（咨询），010-63131930（邮购）

传　　真：010-63131930

网　　址：http://book.gmw.cn

E - mail：gmrbcbs@ gmw.cn

法律顾问：北京市兰台律师事务所龚柳方律师

印　　刷：三河市华东印刷有限公司

装　　订：三河市华东印刷有限公司

本书如有破损、缺页、装订错误，请与本社联系调换，电话：010-63131930

开　　本：170mm×240mm

字　　数：128 千字　　　　　　印　　张：9

版　　次：2024 年 3 月第 1 版　　印　　次：2024 年 3 月第 1 次印刷

书　　号：ISBN 978 - 7 - 5194 - 7847 - 6

定　　价：85.00 元

序

　　进取心是人世间一种相当复杂、多维度的心理系统。我们可以从各种维度来对进取心进行分析。例如，从进取心所属主体维度来看，可以视为工、农、商、学、兵等，职业差异可能使其进取心的内容有差异。从进取心的结构维度来看，可以视为达成人生目标，如人生目标很有价值不为名利所羁绊，直至人生目标有价值却完全服务于名利的种种人生境界的人生目标；还可以视为达成人生目标的勇气（勇往直前的精神），如不畏惧失败或犹豫不决、承认错误而不被错误击败、远离恐惧敢于挑战困难、勇于放弃已获得的成绩等。达成人生目标最好是与达成目标的勇气结合，否则会成为"说大话的巨人、行动的矮子"。根据健全人格理论，正确的价值观有助于形成正确的人生目标并提升人生勇气。有诗为证："平生铁石心，忘家思报国"（陆游《太息》）；"苟利国家生死以，岂因祸福避趋之"（林则徐《赴戍登程口占示家人》）。既然有国家、家庭和个人，也就有了"大我"进取心、"小我"进取心及"自我"进取心，还有公开自我进取心、隐蔽自我进取心等。可见，对于复杂的心理现象，运用系统分析方法，可以逐步揭示其性质、机制、机能以及规律。

　　专著《乡村振兴背景下农村大学生进取心研究》，是作者多年来深入农村实际调查研究得到的结果，也是作者对"内生动力""进取心"的独到理解，很值得向大家推荐。看看作者讲的是否有道理，哪部分讲得有道理，哪部分讲得尚需进一步探讨？希望大家都喜欢这本书。乡村建设的实践没有止境，研究创新也没有止境。深入乡村建设实际研究内生动力和进取心的研究成果，必将有助于农村大学生的成长，必将推进乡村振兴事业的发展。

2022 年 12 月 7 日于重庆

前　言

　　本人 2001 年进入西南大学（当时为西南师范大学）心理学院就读应用心理学专业本科。当时最喜欢的一门课是人格心理学，课程教材是由黄希庭先生著的《人格心理学》，此书到现在仍是诸多学校采用的权威教材。我之所以喜欢这门课，是因为它让我发现人是多么复杂，对人性的解读居然有那么多不同的流派；而不同流派之所以有各自不同的观点，是因为建立这套流派的心理学家所处不同的时代与文化，以及在其时代与文化背景下各自不同的人生体验。

　　然而，我当时只将思考停留在这一层次，没有继续深挖。直到最近我才进一步意识到文化以及人格理论的建构性，即文化和人格理论是被建构的，不仅个体在文化中的成长经验影响着个体形成相应的人格理论，更重要的是，形成的人格理论反过来又会塑造个体（不仅是理论建立者）的人格。正如马克思关于人化自然的观点，在生产劳动中，人改造了自然，使自然变成了人化的自然；同时，人在改造自然的过程中也改造了自己，使自己被自然丰富、改造。

　　2005—2011 年，我跟随黄希庭先生的学生、文化与社会发展学院院长秦启文教授攻读硕士学位和博士学位，研究方向为管理心理学。当时的我非常愚钝，没有悟到学院名称中"文化"的深意。后来，我才渐渐意识到，如果所做的研究脱离所处的文化背景，缺乏前瞻性的文化价值引领，研究就很难有理论意义和现实意义。

2011 年，我来到西南交通大学心理研究与咨询中心工作。我转变了自己的研究方向，改为人格与健康。受到前面提到的两位教师，以及单位的重视，受到做真正有意义的学问的文化氛围影响，我不疾不徐地探索着自己的学问之路。在这个过程中，两位教师也非常关心我的发展，特别是黄老师多次和我强调要做"心理学的中国化研究"，并发表多篇论文、进行多场讲座号召年轻的心理学工作者参与其中。比如，最近的一篇是 2017 年发表在《心理科学》期刊中的《人格研究中国化之我见》，其末尾就提道："我寄希望于年轻才俊去完成人格研究中国化的事业。通过一代又一代的努力，我相信具有中国特色的人格心理学一定能建立起来！因为这个方向是正确的，充满生机活力。让我们一起努力吧。"

非常惭愧，作为年轻人不如教师进取，好在后来终于有点开窍，申报且获得立项 2018 年度的教育部人文社科一般项目"'寒门子弟'的奋斗：农村大学生进取心研究"。这除了受到教师的影响、单位领导和同事的提携与帮助，更重要的是，我深切感受到在习近平总书记领导下，十多年来，我国举世瞩目的高速发展，深切地感受到强烈的文化自信，感受到奋斗和进取的时代要求与时代精神。

研究的过程比我想象的艰难。一方面，优秀传统文化中进取的内涵与结构的研究需要收集整理大量的古文献；另一方面，当代大学生进取心的开放式主题访谈研究由于遇到疫情影响不能面对面访谈，有了一年多的搁浅。然而，"塞翁失马，焉知非福"，课题虽受到延迟，但 2021 年 1 月发布了《中共中央　国务院关于全面推进乡村振兴加快农业农村现代化的意见》，这为我的研究提供了方向上的指引。正如前文所提到的，人格理论是建构的，进取心作为一种人格表现，也同样需要在正确的文化价值和时代精神的引导下去建构，进而对人产生正确的影响。因为，进取事实上是没有固定方向的，只有少数人能够不为任何固有的道路所束缚，开辟出道路的道路；只有高瞻远瞩且有历史使命感的智者才能为大多数人指出正确的方向，将他们引领上历史的主旋律。作为心理学工作者也应该参与其中做出自己的贡献。

事非经过不知难，成如容易却艰辛。通过这次洗礼，我感悟到心理学研究中国化的可贵。因为只有深入社区实际，心理学研究中国化的成果才会写在千家万户社区居民的心坎上；因为只有深入中国实际，踏实进行研究才会使我们养成勤奋、严谨、创新、求实的学风，使我们的人生充实，富有意义。心理学研究中国化这条路，我还会继续走下去。

冯缙

2022 年 12 月 5 日于成都

目　录
CONTENTS

第一章

绪　论

　　人类的发展是在不断进取中实现的。如《易经》中"天行健，君子以自强不息"就反映了人与自然的关系，人只有通过自身的不断奋斗进取，才能立于天地间。马克思在《1844年经济学哲学手稿》一书中论述了人与自然的辩证关系，并提出"人化自然"的概念。人化自然是相对于自在自然而言的，二者之间存在区别却又紧密联系。自在自然对人来说具有先在性，其产生与发展没有人的参与；而人化自然是在人与自在自然不断相互作用中产生和发展起来的。"整个所谓的世界历史不外是人通过人的劳动而诞生的过程，是自然界对人来说的生成过程。"① 人与自然之间相互确证、辩证发展，自然的发展过程与人类社会的发展过程实现了一致，自然史被纳入人类历史，使自然具有了社会历史性，实现了人化自然与人类历史的辩证统一。人化自然是人本质力量的对象化，人在自然中产生发展，改造自然的同时也就是改造自己。因此，"进取"精神在人类发展进化过程中不断强化并成为必须具备的人格品质。

　　随着人类社会发展越来越迅速，对进取的要求也越来越高。《现代汉语词典》（第6版）对"进取"的解释：努力向前；立志有所作为。其中有两层含义：花大量精力和工夫以取得进步；有做出成绩的动机和

---

① 马克思.1844年经济学哲学手稿［M］.北京：人民出版社，2014.

坚定的意志。体现出进取具有积极应对世事的思想和促进行为的动力。

　　进取心是中国人的心理财富，是根植于中华优秀传统文化中的心理品质，是当代中国健全人格中的重要品质①。黄希庭最早提出"幸福的进取者"（Happy Enterprising Individual）概念②，并指出其需要具备的心理素质包括：正确的价值观，积极的自我观，以及热爱学习、追求理想、善于实干、仁德之心、人际和谐、团队合作和心境平和等品质。③值得一提的是，中国人的进取追求的是从个人到家庭再到国家乃至天下的和谐，即"修身齐家治国平天下"。不仅在我们长久的价值观里，尊崇"和"的理念，在处理和周边国家的关系上也有所体现，中国一直以来都是爱好和平的国家，与西方追逐利益为目标且强调竞争的进取是不同的。

　　乡村振兴战略是 2017 年 10 月 18 日习近平同志在党的十九大报告中提出的战略。2021 年 2 月 21 日，中央一号文件正式发布，提出"全面推进乡村振兴"。农业、农村、农民（"三农"）问题是关系国计民生的根本性问题，必须始终把解决好"三农"问题作为全党工作的重中之重，实施乡村振兴战略。我国仍处于并将长期处于社会主义初级阶段，它的特征很大程度上表现在乡村。全面建成小康社会和全面建设社会主义现代化国家，最艰巨、最繁重的任务依然在农村，最广泛、最深厚的基础依然在农村，最大的潜力和后劲也在农村。实施乡村振兴战略，是解决新时代我国社会主要矛盾、实现"两个一百年"奋斗目标和中华民族伟大复兴中国梦的必然要求，具有重大现实意义和深远历史意义。

---

① 李树杰，黄希庭.《四库全书》中进取的心理学指标和维度初探［J］. 西南大学学报（社会科学版），2021，47（1）：144-153。
② 黄希庭. 压力、应对与幸福进取者［J］. 西南大学学报（人文社会科学版），2006（3）：1-6.
③ 黄希庭，尹天子. 做幸福进取者［M］. 南京：江苏人民出版社，2016：259.

实施乡村振兴，推动实现共同富裕，要坚持调动广大群众内生动力。特别是，在巩固脱贫攻坚成果时期，由于文化、精神、心理层面的脱贫相较于物质脱贫更滞后，此时加强广大农村人口心理层面的脱贫，提升内生动力是乡村振兴能否成功推进的重点、难点。内生动力（Endogenous Power）指在核心价值观引导下，自我通过个人奋斗追求某种独特目标的行为倾向。① 脱贫内生动力的核心是共同富裕信念，以共同富裕信念为核心的内生动力是乡村振兴时代背景下的进取心。

《中长期青年发展规划（2016—2025 年）》中指出，"青年是国家经济社会发展的生力军和中坚力量"②。新时代大学生群体作为全党伟大事业的建设者和接力军，在国家出台的政策支持下，越来越多的大学生参与到乡村振兴中来，对大学生自身发展以及乡村经济振兴都起着重要作用。农村大学生是未来反哺家乡，助推乡村振兴、实现共同富裕的新力量。然而，相较于城市大学生，农村贫困家庭大学生占比更大，也更早明白要通过自己的努力改变命运。他们追求成功与幸福，并通过积极进取让自己更加优秀。人无完人，我们既要肯定他们追求优越的进取心、志向和品格，也要正视其消极心理特征，并在了解其积极和消极性并存的矛盾心理特征基础上，对其进行正向引导，帮助他们实现向自立、自信、自尊、自强的幸福进取者的转化。

作为一个中国化的心理学概念，"进取"具有悠久的历史渊源，并随时代演变不断发展。通过心理学的方法，探索从古代寒门学子的进取到当今乡村振兴背景下农村大学生进取心的维度与指标，并在此基础上编制有较高信效度的农村大学生进取心问卷作为测量工具，以及如何培养进取心，是本研究的主要研究内容。

---

① 傅安国，张再生，郑剑虹，等．脱贫内生动力机制的质性探究［J］．心理学报，2020，52（1）：66-81，86-91.
② 中共中央　国务院．中长期青年发展规划（2016—2025 年）［EB/OL］．新华网，2017-04-13.

一、乡村振兴及其心理保障

（一）乡村振兴的提出与落脚点

党的十九届五中全会审议通过的《中共中央关于制定国民经济和社会发展第十四个五年规划和二〇三五年远景目标的建议》指出，"实现巩固拓展脱贫攻坚成果同乡村振兴有效衔接"，2021 年中央一号文件《中共中央 国务院关于全面推进乡村振兴加快农业农村现代化的意见》指出，要坚持把解决好"三农"问题作为全党工作的重中之重，把全面推进乡村振兴作为实现中华民族伟大复兴的一项重大任务。[①]

国家提出并实施乡村振兴战略的最终目标是缩小城乡区域发展差距，加快农业农村现代化，推动实现共同富裕。乡村振兴战略的落脚点是实现共同富裕。实现共同富裕是社会主义本质的要求，随着中国特色社会主义进入新时代，共同富裕思想在此社会实践命题下呈现出新的阶段性特征。在理论内涵上，强调发展的充分性、全体性与全面性，提出"全面建成小康社会，一个不能少；共同富裕路上，一个不能掉队"[②]。在实现路径上，提出共享发展理念，"坚持共享发展，必须坚持发展为了人民、发展依靠人民、发展成果由人民共享"，"使全体人民在共建共享发展中有更多获得感，增强发展动力，增进人民团结，朝着共同富裕方向稳步前进"[③]。因此，新时代的共同富裕不仅是党和国家的目标，也应当逐步成为人民群众的信念，激发其通过参与共建共享实现共同富裕的主观能动性。

激发主观能动性就是唤起人民群众对自己是推动社会不断向前发展

---

① 2021 年中央一号文件．提出全面推进乡村振兴［EB/OL］．中华人民共和国中央人民政府网站，2021-02-21．

② 习近平．新时代要有新气象更要有新作为　中国人民生活一定会一年更比一年好［N］．人民日报，2017-10-26．

③ 中共中央宣传部．习近平新时代中国特色社会主义思想三十讲［M］．北京：学习出版社，2018：109．

的主导力量的觉悟。广大农民的富裕是实现全体人民共同富裕的重要组成部分，新时代乡村振兴要坚持农民主体地位，通过把农民组织起来，引导农民有序参与美丽乡村建设，共享乡村振兴的发展成果。事实上，就是要激发调动广大贫困群众脱贫内生动力。特别是，在巩固脱贫攻坚成果时期，由于文化、精神、心理层面的脱贫相较于物质脱贫更滞后，此时加强广大农村人口心理层面的脱贫，提升内生动力是乡村振兴能否成功推进的重点、难点。

（二）乡村振兴的心理保障

如前所述，乡村振兴的落脚点是实现共同富裕，而推动实现共同富裕就要坚持调动广大群众内生动力。近年来，"内生动力"作为一个极具中国特色的政策话语，频繁出现在"三农"政策领域，同时也受到学界的关注。学界普遍认为，农村人口的内生动力是乡村振兴的内因，对推进乡村振兴至关重要。

乡村振兴是乡村的全面振兴，不仅包括产业、基础设施等物质层面的振兴，也包括文化、精神及心理层面的振兴。[①]《国家乡村振兴战略规划（2018—2022年）》也明确提出，"健全人文关怀和心理疏导机制，培育自尊自信、理性平和、积极向上的农村社会心态"[②]。提升广大农村人口内生动力既是乡村振兴的精神及心理层面振兴的重点、难点，也是乡村振兴的重要心理保障。

有研究者[③]分别从贫困文化、行为经济学、认知心理学的视角分析了心理扶贫的重要性。首先，贫困文化是指长期处于贫困状态的群体会形成所谓的"贫困文化"，它由穷人创造并维系着，是贫困阶层具有的

---

① 孟可强，王丽，李旺，等.构建乡村社会心理服务体系助力乡村振兴战略［J］.中国科学院院刊，2023，38（3）：444-454.

② 中共中央 国务院.乡村振兴战略规划（2018—2022年）［EB/OL］.中华人民共和国中央人民政府网站，2018-09-26.

③ 傅安国，吴娜，黄希庭.面向乡村振兴的心理精准扶贫：内生动力的视角［J］.苏州大学学报（教育科学版），2019，7（4）：25-33.

"一种特有的生活方式，是长期处于贫困生活中的群体的习惯、风俗、生活风格、行为方式、价值观和心理定式等非物质形式"①。物质的贫困往往导致精神的匮乏，即便暂时在物质上脱贫了，仍有很大可能因为心理上仍未脱贫又导致新的贫困。虽然该理论视角过分强调了文化的固着，忽视了穷人为摆脱贫困而进行的努力，进一步加剧了公众对穷人的负面刻板印象，不利于贫困治理②，但它暗示了心理扶贫的重要性。其次，行为经济学研究发现，短视和贫困是互为因果的，与富裕的人相比，低收入者更倾向于做出短视的决策，关注短期而忽视长期的回报。③ 贫困能使个体在诸如健康、生育、教育、消费、存款、环保、投资和贷款等一系列行为上表现出短视的抉择，从而导致短视和贫困的恶性循环。之所以选择短视的决策，是因为人们对未来收益充满怀疑。而增强信任能够改变个体的动机、价值观和目标，使其更加积极努力地规划未来。④ 此外，充满信任的氛围有助于减少压力和负面情绪，进而提升个体长期决策的质量。⑤ 对未来信任感的建立首先需要政策保障，而"信心""希望"等积极心理的建立，以及更主动的决策行为习惯，都提示我们需要落脚于内生动力的激发。最后，认知心理学认为，贫困消耗或占据了个体有限的心理资源，干扰了个体的认知决策。贫困削弱个体决策能力的心理学解释有三种基本视角：（1）注意力损耗论认为，贫困个体会将注意力这种有限资源集中于贫困诱发的各种匮乏和稀缺问题上，注意力被过度占用后，其他更加重要的问题会被忽略，进而引起

---

① Lewis O. The Culture of Poverty [J]. Scientific American, 1966, 215 (4): 19-25.
② 徐富明，张慧，马红宇，等. 贫困问题：基于心理学的视角 [J]. 心理科学进展，2017, 25 (8): 1431-1440.
③ Mani A, Mullainathan S, Shafir E, et al. Poverty Impedes Cognitive Function [J]. Science, 2013, 341 (6149): 976-980.
④ 周怡. 贫困研究：结构解释与文化解释的对垒 [J]. 社会学研究，2002 (3): 49-63.
⑤ Mani A, Mullainathan S, Shafir E, et al. Poverty Impedes Cognitive Function [J]. Science, 2013, 341 (6149): 976-980.

个体的非理性行为；（2）意志力损耗论指出，贫困个体面临的各种匮乏引致的稀缺性心态，使其不得不消耗大量的意志力去抵制诸多欲望的诱惑并抑制很多行为，而意志力的耗竭往往又会诱发非理性行为；（3）与行为经济学的观点较为一致的是，认知控制损耗论认为，处于贫困中的个体要做出与经济有关的决策会比其他问题的决策更加困难，在富人看来很稀松平常的经济决策，对穷人来说，需要在更有价值的选择和更少的错误之间做出艰难的权衡，此类困难的决策需消耗大量的认知控制资源①，因而缺少认知控制资源常常导致非理性行为。这三种有限心理资源（注意力、意志力和认知控制）的损耗均会削弱贫困者的认知表现而诱发非理性决策，使得贫困个体更倾向于做出非理性的行为，导致他们更难脱贫。② 因此，心理扶贫的重要性就在于能够在当物质和政策给予足够保障时，引导贫困个体改变曾经在贫困时期建立起来的已经不适合当前状况的不合理认知，从而获得足够的心理资源，进而激发更多的内生动力。

还有研究者③提出构建乡村社会心理服务体系，助力乡村振兴。他们指出，内生动力不足掣肘了乡村外在帮扶的时效性及可持续性，并认为从群体层面来讲，农村人口目前虽具备一定的发展内生动力，但远不能满足乡村振兴更高的要求。具体而言，随着脱贫攻坚的完成，农村人口对美好生活有着强烈的向往，表现出较强的"我要发展"的意愿，也不乏坚强的意志品质，但对通过自身努力实现目标的自我效能不足，付诸行动的决心和实际尝试也较少。在乡村振兴过程中，大量帮扶政策、资金、产业、技术等注入乡村，如果没有农村人口充足的发展内生

---

① 傅安国，邱林晚. 较低收入群体跨期选择的心理学解释 [N]. 中国社会科学报，2018-09-03（6）.

② 吕小康，汪新建，付晓婷. 为什么贫困会削弱决策能力？三种心理学解释 [J]. 心理科学进展，2014，22（11）：1823-1828.

③ 孟可强，王丽，李旺，等. 构建乡村社会心理服务体系 助力乡村振兴战略 [J]. 中国科学院院刊，2023，38（3）：444-454.

动力与之相配合，就有可能抵消乡村振兴政策的效能，造成政策失灵、式微。因此，乡村社会心理服务体系不是狭义的心理健康服务体系，其提到了"内生动力与社会心态培育"。具体而言，除了要保障基层社会心理服务的可及性与便利性，还要凸显乡村特色，发掘优势资源，增益农村人口积极心理，并通过常态化的心理健康教育活动，提高农村人口的心理素质，培育积极的社会心态，激发农村人口的内生动力。

综上所述，不论是从社会学、经济学、心理学的学科理论视角，还是从构建心理服务体系助力乡村振兴的实践视角来看，干预和促进内生动力都是推进乡村振兴的重要心理保障。然而，以往的研究多从宏观的学科理论或者政策顶层设计角度去进行探索和论证，探索个体层面内生动力的培养和激发相对较少。这主要是因为内生动力受圈层亚文化影响较大，激发内生动力的最适宜手段还是从社会层面整体地去培育。尽管如此，也不能忽视在同一群体中内生动力相对较高的个体，从积极心理学的角度，我们不仅要研究普通群体，还要研究同处一类环境中的精英个体。此外，目前的研究重心是解决当前面临的最主要的问题，所以较多研究农村劳动人口的内生动力，而对青少年内生动力的研究较少。然而，青少年群体，特别是农村大学生是未来乡村振兴的重要力量，同时他们的内生动力又能够激发其所在家庭甚至区域群众的内生动力，从而巩固拓展脱贫攻坚成果，并为全面推进乡村振兴，实现农业农村现代化提供软实力支持，因此对青少年内生动力的研究是不能忽视的。

二、从内生动力到进取心

（一）内生动力的心理结构与内在机制

不管是国家政策及领导层面还是学术界，都非常重视贫困人口的主体地位及其心理因素。"内生动力"不仅在"三农"问题相关政策报告中多次提到，在学界也有较多的研究，并普遍达成内生动力是乡村振兴的内因，对推动乡村振兴至关重要。而内生动力作为一种心理现象，越来越多的研究开始从心理学的角度对其进行结构和心理机制的探索，目的是在以往侧重内生动力政策研究的基础上，再从心理学的角度提供如何进行内生动力培育的思路和方法。

傅若云和傅安国①首先对"内生动力"的心理结构和内在机制进行了质性研究，并指出不等同于"内在动机"（Intrinsic Motivation），前者是我国扶贫语境下的中国化心理学概念，后者是西方心理学话语中自我决定理论②的概念。自我决定理论认为，追求关系、胜任、自主这类需求源于人类本质的、内在的源头。③ 这一论述是西方学者基于其文化背景对人性的具体信念和假设提出的，如社会是相分离的、自主的、独立的，这些假设的基础是高度个人主义信念④；但中国情境下的扶贫是由国家主导的，是基于集体智慧与力量的"自上而下"的减贫行动。通常关乎责任、义务、道德等价值观念，因而脱贫内生动力是一个中国化的心理学概念。傅安国等⑤研究发现，脱贫内生动力结构是由价值观、自我观与主动脱贫的行为倾向三因素组成的层层嵌套的"洋葱模型"（见图 1-1）。首先，价值观是人们判断好坏、美丑、对错、益损，以及违背或符合自身意愿的信念系统，处在内生动力的核心位置，价值观为贫困个体的行为提供信念支持。其次，自我观处在内生动力的中间层次，是一个人关于自己，自己与他人、自己与社会及环境的观念系统。积极的自我观念是个体不断进取和脱贫的动力。最后，脱贫行为倾向处

① 傅若云，傅安国. 脱贫内生动力：一个中国化的心理学概念 [N]. 中国社会科学报，2020-02-14 (3).
② Deci E L, Ryan R M. The General Causality Orientations Scale：Self‐determination in Personality [J]. Journal of Research in Personality, 1985, 19 (2)：109-134.
③ 大卫·范德. 人格心理学：人与人有何不同 [M]. 许燕，邹丹，译. 北京：北京世界图书出版公司，2018：368.
④ Guisinger S, Blatt S J. Individuality and Relatedness：Evolution of a Fundamental Dialectic [J]. American Psychologist, 1994, 49 (2)：104-111.
⑤ 傅安国，张再生，郑剑虹，等. 脱贫内生动力机制的质性探究 [J]. 心理学报，2020, 52 (1)：66-81, 86-91.

在内生动力的最外层。个体呈现主动脱贫的行为倾向主要基于清晰的脱贫规划、脱贫相关的心理素质（如克服困难的意志）、身边的人际支持以及周围的资源整合。积极的价值观和自我观决定着个体是否有主动的脱贫行为。

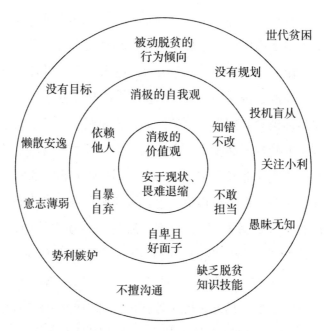

图1-1 脱贫内生动力洋葱模型

（二）内生动力的内核：共同富裕信念

内生动力的核心是价值观，而价值观的核心是信念（Belief），即一种被意识到的具有理论性的价值取向。[①] 因此，培育长久且可持续的内生动力进而推动乡村振兴，离不开正确信念的树立。而具体的信念是什么呢？有研究者[②]提出，社会流动信念是脱贫家庭青少年奋力向上、向

---

① 黄希庭，郑涌. 心理学导论：第三版［M］. 北京：人民教育出版社，2015：234.
② 张凤，黄四林. 社会流动信念：脱贫家庭青少年发展的内生动力［J］. 北京师范大学学报（社会科学版），2022（3）：140-150.

往美好生活、实现人生价值的强大发展动力，更是阻止或减少贫困等不利处境对其发展负面影响的保护性因素，并认为社会流动信念是脱贫家庭青少年的内生动力。这个概念是从社会学概念"社会流动"引发出来的，更多是从社会学的角度理解内生动力，也因此在培养内生动力方面更侧重从外部进行支持和鼓励，让个体产生对未来的希望，从而产生社会流动信念，进而产生奋发向上的动力。此外，"社会流动"这一概念是从西方引进来的，在一定程度上与我国国情不匹配，因为"社会流动"概念背后还隐含着有富裕阶层和贫困阶层，社会流动就是从贫困阶层流动到富裕阶层。

乡村振兴的落脚点是实现共同富裕，通过乡村振兴的路径来实现共同富裕也表明了阶级平等的贫富观。并且，乡村振兴不能等同于扶贫，而是要发挥乡村特有功能，推动实现共同富裕。乡村有传承一个国家、一个民族、一个地域的优秀传统文化的功能。① 中华民族早有对共同富裕的追求，如《诗经》中的"适彼乐土"②，先秦时期农家的"并耕而食"③，道家的"小国寡民"④，儒家的"大同"等描述。传统文化中的贫富观对应当时生产力水平较低的情况，重和谐而轻发展，在新时代则容易导致被动消极的人生态度。此外，传统贫富观偏向封建剥削阶级，在新时代反而会引发贫富群体关系紧张。⑤ 中共中央办公厅、国务院印发的《关于实施中华优秀传统文化传承发展工程的意见》提出，"坚持以社会主义核心价值观为引领，坚持创造性转化、创新性发展"，"取

---

① 陈锡文 . 乡村振兴应重在功能 [J]. 乡村振兴，2021（10）：16-18.
② 佚名 . 诗经·魏风 [M]. 王秀梅，译注 . 北京：中华书局，2015：219.
③ 孟子 . 孟子·滕文公上 [M] 方勇，译注 . 北京：中华书局，2015：85.
④ 老子 . 老子·第八十章 [M]. 汤漳平，王朝华，译注 . 北京：中华书局，2014：299.
⑤ Xu Y. The Chinese Road in The Light of Historical Continuity [J]. Social Sciences in China，2017，38（2）：5-20.

其精华、去其糟粕，扬弃继承、转化创新"①。要将传统文化中的贫富观创造性转化，需要扬弃继承且与当下的时代精神相契合，即与新时代的共同富裕思想相契合。因此，我们认为，内生动力的核心信念应该是共同富裕信念，这是根植于我国国情提出的中国化的心理学概念。

（三）以共同富裕信念为核心的脱贫内生动力：乡村振兴背景下的进取心

如前所述，内生动机的核心信念是共同富裕信念，而以共同富裕信念为核心的内生动力是乡村振兴背景下的进取心。

首先，进取是根植于中华优秀传统文化中的心理品质，是当代中国健全人格中的重要品质②，是中国人追求自我实现的重要路径。早在《论语》中就有对"进取"的提及。进一步查找《汉语大辞典》对"进取"一词的解释，其中之一即为努力向前，立志有所作为的意志品质，如《论语·子路》中有"狂者进取，狷者有所不为也"③，《周易》中有"天行健，君子以自强不息"④，梁启超在《少年中国说》中指出"惟进取也故日新"⑤。

其次，国外心理学研究中，Enterprising 侧重于事业中的进取精神，如创业精神或事业心。陈来⑥认为，中华文明的价值观与西方的不同，举其大者有四：责任先于自由，义务先于权利，社群高于个人，和谐高于冲突。从中可见，"德"是中华文化的核心理念，儒道释虽然各自要

① 中共中央　国务院．关于实施中华优秀传统文化传承发展工程的意见［EB/OL］．中华人民共和国中央人民政府网站，2017-01-25.
② 李树杰，黄希庭．《四库全书》中进取的心理学指标和维度初探［J］．西南大学学报（社会科学版），2021，47（1）：144-153.
③ 孔子，曾子，子思．论语大学中庸·论语子路［M］．陈晓芬，徐儒宗，译注．北京：中华书局，2015：150.
④ 伏羲，姬昌，孔子．周易［M］．杨天才，译注．北京：中华书局，2022：1.
⑤ 梁启超．少年中国说［M］．北京：中国画报出版社，2016：1.
⑥ 陈来．中华文明的核心价值：国学流变与传统价值观［M］．北京：生活·读书·新知三联书店，2015.

旨表述有异，但都以立德作为根本。周公制礼作乐，确立起以"德"为本的价值观，后被发展为"道之以德，齐之以礼"《论语·为政》① 的王道仁政，被《礼记·大学》发展为"在明明德，在亲民，在止于至善"② 的"大学之道"，而"大学之道"中"修身齐家治国平天下"正是一条进取之路。因此，我国优秀传统文化中的进取蕴含着中华民族从修身出发的奋斗精神以及对"明明德于天下"这一终极目标的追求，这与西方社会中的 Enterprise 有着鲜明对比，同时也蕴含着"天下大同""人类命运共同体"等对共同富裕、和平富饶的追求。

最后，前文提到的"幸福的进取者"③ 是关于进取人格的中国化的概念，同内生动力一样也是从价值观、自我观、行为层面（热爱学习、追求理想、善于思辨）和人际层面（人际和谐、团队合作）由内核到外显的结构。进取作为一种意志品质，也是一种内在驱力，结合之前的分析，当前我们将研究的乡村振兴背景下的进取心即是以共同富裕信念为核心的内生动力。

三、问题提出与研究内容

（一）问题提出

首先，目前关于内生动力的研究主要集中在如何从宏观构架或政策保障上，且从群体层面激发广大农村劳动群体的内生动力。虽然有研究者从人格心理学的角度分析了解内生动力的心理结构和机制，并以此为依据提出了相应的激发内生动力的方法和路径，但面向的群体仍然是农村劳动力群体，缺少青少年内生动力的系统研究。然而，青少年群体，

---

① 孔子，曾子，子思. 论语大学中庸·论语为政 [M]. 陈晓芬，徐儒宗，译注. 北京：中华书局，2015：15.
② 孔子，曾子，子思. 论语大学中庸·大学 [M]. 陈晓芬，徐儒宗，译注. 北京：中华书局，2015：249.
③ 冯缙，黄希庭. 贫困大学生的矛盾心理及其引导 [J]. 心理研究，2018，11 (6)，494-499.

特别是农村大学生是未来乡村振兴的重要力量，同时他们的内生动力又能够激发其所在家庭甚至区域群众的内生动力，从而巩固拓展脱贫攻坚成果，并为全面推进乡村振兴，实现农业农村现代化提供软实力支持，因此是不能忽视的。

其次，内生动力可以理解为进取心，乡村振兴背景下的内生动力是以共同富裕信念为核心的进取心。内生动力是更宏观的概念，"进取心"的提法更具体地将内生动力集中在个体人格特质和意志品质方面。青少年正处在稳定的"三观"形成和健全人格发展关键期，所以更有必要且更适宜从"进取"入手去培养和激发他们的内生动力。

综合以上分析，如何了解当今乡村振兴背景下农村大学生进取的结构和特点，并在此基础上进行有针对性的进取心培养的心理辅导，进而提升他们内生动力？通过心理学的方法，探索农村大学生进取心的结构与指标，并在此基础上编制有较高信效度的农村大学生进取心问卷作为测量工具，以及探索行之有效的农村大学生进取心培养的心理辅导路径和方法。

（二）研究内容

首先，人格心理学的特质论将人格或特质界定为个性的心理结构，是个人具有的神经特性，具有支配个人行为的能力，使个人在变化的环境中产生步调一致的反应。[1] 因此，在心理学研究中，对人格或特质的性质和机能的研究，可以从对其结构的探索入手。对进取结构的探索还需要考虑历史的因素，中华民族素有追求进取的光荣传统，因此要研究当代农村大学生的进取结构，首先要研究古代寒门学子进取的结构。

其次，要了解农村大学生进取的机能与规律，除了要有对进取结构"质"上的认识，还需要有"量"上的把握。在此，可以利用心理测量学的方法编制相应的有较高信效度的测量工具，从"量"上去把握当

----

① 黄希庭. 人格心理学 ［M］. 重庆：西南大学出版社，2021：160.

代大学生进取的现状与特征。

最后，为了进一步验证对进取规律的认识，可以开展干预研究，即进取心培养的实验研究。此外，研究结果除了验证对规律的认识，还具有应用价值。

综上所述，研究内容包括以下三方面。

1. 古代寒门学子进取的结构探索

作为一个中国化的心理学概念，进取具有悠久的历史渊源，并且随时代演变不断发展，那么研究如今乡村振兴背景下的农村大学生进取的结构与指标应采取怎样的思路和方法？我们借鉴以往关于中国化的人格心理学研究，如自信、勇气、进取等研究路径，首先通过以所要考察的"人格特质"为关键词，在古籍中搜集相关词条，并通过语料分析的方法整理出相关人格特质在传统文化中的结构与指标，为当今相关人格特质结构的考察与构建提供传统文化上的依据。

值得一提的是，尽管有研究者①探索了《四库全书》中进取的结构与维度，但本研究的关注重点在"学子"的进取，因此在语料分析的划分标准上与上述研究有区别。具体而言，本研究通过对中国古籍中"进取"相关语料进行内容分析，根据上述分类对语料进行归类整理，以探索中华优秀传统文化中进取心的内涵、结构和指标。此外，农村大学生的进取心也具有其独特性，而我国自古以来也流传着很多寒门学子发愤进取的故事，通过扎根理论对这些传记和故事进行文本分析，可以深挖出寒门学子进取的核心特征与表现。通过整合以上两个研究结果，得到我国传统文化中寒门学子"进取"的指标和维度，从而为农村大学生进取心结构考察及其问卷编制提供基础。

---

① 李树杰，黄希庭. 当代中国人进取心内涵的质性研究 [J]. 西南大学学报（社会科学版），2022，48（4）：191-201.

2. 乡村振兴背景下农村大学生进取的结构与测量工具

从传统文化的角度了解了寒门学子的进取指标和维度之后，我们将通过开放式主题访谈法考察乡村振兴背景下农村大学生进取的指标与维度，并在此基础上编制有较高信效度的《农村大学生进取心问卷》。

首先，我们采取开放式主题访谈考察乡村振兴背景下农村大学生进取的维度与指标。开放式主题访谈是一个描述性概念，是指以访谈者与受访者的关系为结构，以访谈主题为访谈核心，来了解社区心理普遍联系特点的范式载体，是一种中国社区心理学研究范式的载体。① 对乡村振兴背景下农村大学生的心理访谈涉及社区心理的范畴，对他们的访谈不同于普通的个案深度访谈研究，而是需要从社区心理系统的角度去分析、考察。因为，社区心理是一个具有普遍联系的复杂系统，要了解这个系统，访谈者提出的主题必须是开放的、不设限的，是多种多样的（如调查性研究主题、关系性研究主题、发展性研究主题等）。同时，访谈者没有预期的条件假设，访谈者是以学习者、请教者的身份与受访者进行交流；受访者也需要敞开心扉，谈其所感、所思、所为，从而使访谈双方谈论出不同以往的新内容、新观点、新启示。

其次，结合古代寒门学子进取的指标和维度，对所获文本进行分析。同时，从多种角度对文本进行系统分析，特别是以乡村振兴背景为逻辑，解读文本资料的普遍联系，换言之，从若干方面对其进行分析，比如，农村大学生进取心的形成、发展、结构、功能、影响因素等。

最后，以乡村振兴背景下农村大学生进取心指标和维度为基础，采用心理测量学的原理、方法和步骤编制出有较高信效度的《农村大学生进取心问卷》。

---

① 杜刚，黄希庭，吕厚超，等. 开放式主题访谈：一种中国社区心理学研究范式载体［J］. 西南大学学报（社会科学版），2021，47（2）：143-152，229.

3. 农村大学生进取心的培养研究

作为一种意志品质，进取是可以通过培养提升的，特别是在稳定三观形成和健全人格发展的关键期——青少年时期。通过上述研究了解乡村振兴背景下农村大学生进取心的形成、发展、结构、功能、影响因素，结合心理辅导的相关技术，制订农村大学生进取心培养的心理辅导方案；并以《农村大学生进取心问卷》作为测量工具，通过准实验的方法考察农村大学生进取心培养的有效性。

第二章

古代寒门学子进取心的结构与指标

进取心是我国传统的心理财富，我国古代素有追求进取的光荣传统。我国文化中的"进取"不同于西方社会文化的 enterprise，要研究我国农村大学生的进取心，首先需要追根溯源地对我国古籍中的"进取"进行内容分析，了解其指标和维度。此外，贫困大学生的进取心也具有其独特性，而我国自古以来也流传着很多寒门学子发愤进取的故事，通过扎根理论对这些传记和故事进行文本分析，可以深挖出寒门学子进取的核心特征与表现。通过整合以上两个研究结果，得到我国优秀传统文化中寒门学子"进取"的指标和维度，为之后"贫困大学生进取心量表"的编制，从中华文化角度提供指标和维度参考。

一、优秀传统文化中进取心的内涵与结构

（一）研究路径：古籍中"进取"的内容分析

1. 语料库建构

以"进取"为关键词，使用计算机从"汉籍检索系统"中收集相关资料。按以下标准对原始资料进行整理：（1）删除重复和不以"进取"为主题的语料，如"柴进取出些金银"（《水浒传》第二十三回）；（2）删除没有上进、追求、开创等类似含义的语料，如"更不进取水药"（《普济方·卷一百九十二》）；（3）删除特指进攻、攻取且没有引申含义的语料，如"进取麻乡"（《后汉书·卷十八》）；（4）对表

述不完整的语料进行补充。经过标准化处理后，形成正式语料库。检索文献总数共 830 部，检索到文献共 348 部，总检出率为 41.9%，简化后语料库共含 692 条，涉及经、史、子、集四类文献。

2. 内容分析

参照胡金生和黄希庭①、尹华站等②，程翠萍和黄希庭③的研究程序对语料逐条进行内容分析，具体包括：（1）建立类目，结合"进取"文献的总体特征，通过小组讨论和专家分析法确定具体类目，并明确各类目的含义、归类标准及典型范例；（2）单元归类，分析单元是以"进取"为主题的语句，由 3 名古代汉语专业硕士研究生根据确定的具体类目和归类标准对每个分析单元进行归类，对于难以确定含义或归类的个别语料，请教古代汉语专家后决定；（3）信度评估，分别计算 3 位归类者的相互同意度，据杨国枢等④的信度公式求出归类者信度和研究者信度。

（二）一级主题：志存高远、直爽锐利、刚毅果决、奋发有为、创新敢为

传统文化中推崇"进取"精神的主要是儒家，虽然在儒家思想中"进取"不是最理想的心理品质，如"子曰：'不得中行而与之，必也狂狷乎！狂者进取，狷者有所不为也'"（《论语·子路第十三》），但"进取"是可以达到"中行"或"至善"目标的一种心理品质或内生动力。《读四大全书说》中就认为，"中行者，进取而极至之"⑤。这是

---

① 胡金生，黄希庭. 自谦：中国人一种重要的行事风格初探［J］. 心理学报，2009，41（9）：842-852.

② 尹华站，苏琴，黄希庭. 国内十年主观幸福感研究的内容分析［J］. 西南大学学报（社会科学版），2012，38（5）：100-105.

③ 程翠萍，黄希庭. 我国古籍中"勇"的心理学探析［J］. 心理科学，2016，39（1）：245-250.

④ 杨国枢，文崇一，吴聪贤，等. 社会及行为科学研究法［M］. 重庆：重庆大学出版社，2006.

⑤ 王夫之. 读四书大全说·卷六·论语［M］. 北京：中华书局，1975：402.

因为进取者具有极高的志向并且胸怀坦荡，如《四书章句集注·论语集注卷》中的注解"狂者，志极高而行不掩"①，所以即便容易疏狂而偏离中庸，也仍能够因为对圣人的追随回归正道，进而追求极致、止于至善。

道家推崇"无为"，多被认为与儒家对立，然而在对精神的追求上，它们都是推崇"进取"的，如"庄周独与天地精神相往来，而不傲倪于万物，进取之狂也"（《文史通义·卷四》）②。因此，虽然道家出世的进取与儒家入世的进取是两条不同的路径，但都是以修身为出发点且均追求崇高的精神目标。

传统文化以儒家的入世思想为主导，因此根据前文分析可以把《大学》中的"格物致知、诚意正心、修身齐家、治国平天下"理解为进取的一条通路。由此推出，"进取"作为一种心理品质包含了对崇高德行追求的目标意识和实现目标过程中的心理与行为，并带有"狂"的为人与处世风格。鉴于此，从目标意识、为人风格、处世风格和行为表现的角度对语料进行归类，得出"进取"的 5 个方面内涵（见表 2-1）：在目标意识方面，进取表现为狂者的"志存高远"，目标在于明明德、止于至善，若目标止于功利主义的追求，甚至走上歪道，就不能称为"进取"；在为人风格上，进取具有狂者直言不讳、锋芒毕露的"直爽锐利"；在处世风格上，进取具有狂者当机立断、敢于担当的"刚毅果决"；在行为表现上，进取还需有所作为，并勇于开拓创新，表现为"奋发有为"和"创新敢为"。

---

① 朱熹.四书章句集注·论语集注卷［M］.北京：中华书局，2012：148.
② 章学诚.文史通义：卷四［M］.叶瑛，校.北京：中华书局，2017：388.

表 2-1　进取内涵内容分析结果

类目	检出次数及比例	信度	实例
志存高远	44 次 12.5%	0.99 (0.99)	进取，谓求望高远（《四书章句集注·孟子集注·卷十四》） 唯进取，故其志大（《台湾通史·卷二》）
直爽锐利	37 次 10.6%	0.97 (0.97)	涣颇有才智，尚气放诞，遇事无所顾忌，锐于进取（《续资治通鉴长编·卷二百二十八》）
刚毅果决	39 次 11.2%	0.98 (0.97)	足下皆自覆之君也，仆者进取之臣也，所谓以忠信得罪于君者也（《战国策·卷第二十九》）
奋发有为	59 次 16.9%	0.98 (0.97)	而但交游博弈，以妨事业，非进取之谓（《三国志·卷五十九》） 然则既云进取，亦将有所不取者矣（《后汉书·卷八十一》）
创新敢为	33 次 9.4%	0.98 (0.99)	又曷怪乎吾国实业界之知保守而不知进取也（《台湾旅行记》） 惟保守也，故永旧；惟进取也，故日新（《梁启超文集·少年中国说》）

注：表中检出次数为 3 位评分员都同意的次数，比例是指检出次数占语料总数的百分比，括号中信度是以 50%以上的评分者共同归类为标准的研究者信度，下同。

（三）二级主题：精神修为的进取心与事业作为的进取心

儒家主张"内圣外王"的思想，强调内在德行修为并提倡入世建立功勋的积极进取精神。"进取"以"修身"为出发点，再逐渐向自身之外扩张。立德修身是基础，事业作为是内在德行的外在展现，并且入世建立功勋也是为进一步推进"明明德"的目标，如《孟子·尽心章句上》中提出的"穷则独善其身，达则兼济天下"[①]。以此作为维度划分依据，将"进取"分为"精神修为的进取"和"事业作为的进取"

---

① 孟子. 孟子·尽心上 [M] 方勇，译注. 北京：中华书局，2015：256.

（见表 2-2）。其中，前者指个人修身方面的进取，后者指经世致用、建功立业的进取。

表 2-2　进取类别内容分析结果

类目	检出次数及比例	信度	实例
精神修为的进取	82 38.9%	0.99 (0.99)	有则向百尺竿头，进取一步（《五灯会元·卷十七》） 进取者，进取乎斯道也（《读四书大全说》）
事业作为的进取	66 31.2%	0.99 (0.98)	臣弃老母于东周，固去自为而行进取也（《史记·卷六十九》） 创大业者，必先扼险要而后可以言进取（《崇祯实录·卷十六》）

二、古代寒门学子进取心的特征与结构

（一）研究路径：文本分析与比较分析

首先，搜集古代寒门学子奋发进取的故事，通过文本分析获得古代寒门学子进取的特征；其次，通过将此文本分析的结果与之前古籍中进取内容分析的结果进行比较，获得古代寒门学子进取的结构。具体方法如下。

1. 数据搜集

通过请教史学和古代文学专家意见，将数据搜集定为以下 3 个方面：（1）使用计算机从"汉籍检索系统"中搜集相关资料，以"家贫""少贫"为关键词，在"经史子集"中"史"部的"传记类"中进行检索，并从中筛选出寒门学子发愤进取的故事，得到 23 则故事文本；（2）筛选出 4 个我国广为流传且典型的寒门学子发愤进取的成语故事文本——凿壁偷光（《西京杂记·卷二》）、车胤囊萤（《晋书·卷八十三·车胤传》）、孙康映雪（《艺文类聚·卷二》）、断齑画粥（《五

朝名臣言行录》）；（3）选择宋濂的《送东阳马生序》作为寒门学子自传类文本。

2. 数据编码

采取扎根理论中的文本分析法①，借助 NVivo11.0 将文本导入内部材料，请教中国历史和古文专家，对材料进行开放式编码、关联式编码和核心编码的三级编码，经过反复思考和比较得出寒门学子进取的类属。再通过理论编码对所得的类属进行整合，使类属间关系具体化，并形成对文本连贯性、概念化的理论分析结果，从而深挖出寒门学子进取的核心特征与表现。

3. 比较分析

我们的目的是得到古代寒门学子"进取"的指标和维度。因此，需要将文本分析结果与之前古籍中进取的内容分析结果整合。具体而言，通过对之前内容分析所得的一般进取指标、维度和研究二得到的寒门学子进取的核心特征进行比较分析，并依据研究一所得一般的进取指标和维度划分框架，分析整理出寒门学子进取的指标和维度。

（二）古代寒门子弟进取心的核心特征：负重致远的心理品质

通过开放式编码、关联式编码和核心编码，我们最终构建出 3 个树状节点、10 个子节点，各类属信息见表 2-3。"热爱学习""坚忍不拔""做人有德"分别展现了寒门学子为学、处世（面对困难、挫折、挑战）和做人三方面。其中，"热爱学习"包含"乐学好学""踏实刻苦""求望高远"；"坚忍不拔"包含"坚韧隐忍""坚持不懈""自立自强"；"做人有德"包含"正直敦厚""不卑不亢""慈悲仁义""洁身自好"。

对 3 个类属的参考点进行频数统计，频次从大到小依次为"热爱学

---

① Charmaz K. Constructing Grounded Theory：A Practical Guide Through Qualitative Analysis [M]. London：Sage Publications，2006.

习""坚忍不拔""做人有德"。进一步检验表明，3 个类属的频次分布有显著差异（$\chi^2 = 8.326$，$p<0.05$）（见表 2-4）。因此，寒门学子进取最突出的表现为"热爱学习"。

表 2-3 寒门学子进取故事文本分析节点层次与参考点举例

树状节点	子节点	节点材料来源数	参考点数	参考点举例
热爱学习	乐学好学	16	19	嗜学
	踏实刻苦、求望高远	16 7	19 9	励志勤苦，读书以明道
坚忍不拔	坚韧隐忍	12	14	不耻劳辱
	坚持不懈	10	12	毫不懈怠
	自立自强	7	8	不肯作受怜意
做人有德	正直敦厚	7	10	不顾己私
	不卑不亢、慈悲仁义	4 3	5 4	略无慕艳意，性行仁义
	洁身自好	3	4	交游不杂

表 2-4 各类属参考点数百分比卡方检验结果

维度	参考点数	百分比（%）	χ^2	p
热爱学习	47	45.19	8.326	<0.05
坚忍不拔	34	32.69	—	—
做人有德	23	22.12	—	—

通过将前三级编码所得类属串联，提炼出关于寒门学子进取的核心特征，即"负重致远"的心理品质。首先，能在"负重"中"致远"，因为他们"热爱学习"。儒家学说的主流主张是读"经"为"经世致用"，因此学习是"修身治国平天下"的开端。这也解释了"热爱学习"这一维度所占比重显著高于其他两个维度的原因。此外，"子曰：

'知之者不如好之者，好之者不如乐之者'"①（《论语·雍也》）。因此，对学习由衷的热爱使他们能够在困苦的环境中投入地学习并保持积极的情绪，且通过学习找到高远的人生意义和成就，为"致远"打下基础。其次，能够让寒门学子在困难的环境中坚持不放弃热爱的学习，并获得进取，还需要有"坚忍不拔"的精神，这样才能战胜挑战，维持在"致远"的途中。最后，"致远"还需保持在正道之中，特别是在贫困艰苦的生活中更需要不受外界诱惑，洁身自好，并保持正直敦厚、不卑不亢、慈悲仁义的为人，即"做人有德"。同时，对德行的追求与践行也让寒门学子在物资匮乏的生活中获得精神的慰藉，进而获得"致远"的动力。

（三）一级主题：志向高洁、慈悲仁义、坚忍不拔、热爱学习

根据文本分析得到古代寒门学子进取是一种负重致远的心理品质，并表现为热爱学习、坚忍不拔、做人有德三方面。与一般进取相比较，其"狂"的特点表现得更加内敛，对德行的要求更加严格。具体而言，有以下独特性。

首先，古代寒门学子进取的核心特点是负重致远，其中"致远"表现为高远的志向。因此，在目标意识方面，寒门学子的"进取"中也含有一般进取中"志存高远"的内涵。不过，寒门学子的"进取"更突出了对德行的自我要求，即"志向高洁"的子类属中的"洁身自好"。《论语·子贡》中就有对贫与富品德的讨论，子贡曰："贫而无谄，富而无骄，何如？"子曰："可也，未若贫而乐，富而好礼者也。"②在儒家文化的熏陶下，"负重"中的寒门学子对自己的德行操守方面的表现更加关注，他们不仅追求志向的高远，更要求自己洁身自好。因

---

① 孔子，曾子，子思．论语大学中庸·论语雍也［M］．陈晓芬，徐儒宗，译注．北京：中华书局，2015：61．
② 孔子，曾子，子思．论语大学中庸·论语子贡［M］．陈晓芬，徐儒宗，译注．北京：中华书局，2015：98．

此，寒门学子的进取在目标意识方面表现为"志向高洁"，并包含两个子指标："抱负远大"与"高风亮节"。

其次，在为人风格方面，与一般进取"狂"者的"直爽锐利"不同，贫寒的经历使得他们对有同样经历的其他人更加感同身受，使他们做人更加"慈悲仁义"，比如，"得束脩羊稍赢，辄分赡亲故；虽日不举火弗恤也"（《清耆献类征选编·卷七·下》）①。此外，如前所述，儒家文化对于"安贫乐道"的推崇也使寒门学子在与人交往中表现得"正直敦厚"，同时仍坚持内心的气节而"不卑不亢"。比如，"同舍生皆被绮绣，戴朱缨宝饰之帽，腰白玉之环，左佩刀，右备容臭，烨然若神人；余则缊袍敝衣处其间，略无慕艳意，以中有足乐者，不知口体之奉不若人也"（《送东阳马生序》）②。以上三方面都是"做人有德"的子类属，为了更加具体，将这三方面整合并重新命名为"正直慈悲"。因此，在为人风格方面，寒门学子表现为"正直慈悲"且包含三个子指标："慈悲仁义""正直敦厚""不卑不亢"。

再次，寒门学子经历并体会到生活的疾苦，相较于一般进取"狂"者处事的"刚毅果决"，他们在处世风格方面更凸显了面对困难的意志品质。在负重下致远，更加需要面对困难的坚韧隐忍、面对理想的坚持不懈以及在艰苦中仍要自立自强，以上提及的都属于"坚忍不拔"类属。比如，描述范仲淹发愤进取的"断齑画粥"的成语故事，展示了其坚忍不拔。因此，在处世风格方面，寒门学子的进取表现为"坚忍不拔"，并包含三个子指标："坚韧隐忍""坚持不懈""自立自强"。

最后，一般进取的行为指标"奋发有为"在寒门学子身上主要表现在"热爱学习"上。如前所述，我国传统文化强调"经世致用"，读书对于寒门学子来说，是改变自己和家族命运，并为社会做出贡献的重

---

① 清耆献类征选编·卷七·下［M］//周宪文，杨亮功，吴幅员.台湾文献史料丛刊.北京：人民日报出版社，2010.
② 宋濂.送东阳马生序［M］//宋濂.宋学士全集.武汉：武汉大学出版社，2015.

要途径。因此，寒门学子的进取在行为方面的表现为"热爱学习"，并包含两个子指标："乐学好学""踏实刻苦"。将寒门学子进取指标与一般进取指标进行比较，对应关系见表2-5。

表2-5 优秀传统文化中寒门学子进取与一般进取指标的比较

内涵划分要素	"寒门学子进取"的指标	一般"进取"的指标
目标意识	志向高洁：抱负远大、高风亮节	志存高远
为人风格	正直慈悲：慈悲仁义、正直敦厚、不卑不亢	直爽锐利 刚毅果决
处世风格	坚忍不拔：坚韧隐忍、坚持不懈、自立自强	奋发有为
行为表现	热爱学习：乐学好学、踏实刻苦	创新敢为

（四）二级主题：立德、立功、立言的进取心

研究一得出优秀传统文化中进取的维度包括"精神修为的进取"和"事业作为的进取"两方面。而寒门学子因其学子的身份，在"事业作为的进取"方面既能建立功勋，也能著书立说，即立功和立言，如寒门学子范仲淹集思想家、政治家、文学家于一身；而"精神修为的进取"就是德行的修为，即立德。因此，可以将古代寒门学子的进取分为三个维度：立德、立功、立言。

此外，"太上有立德，其次有立功，其次有立言"①，引自《左传·襄公二十四年》。立德是立功、立言的基本前提，立功与立言来源于立德、彰显立德、成就立德。"德"是中华文化的核心理念，且"大学之道，在明明德"，因而有必要对"立德"进一步划分。"知、仁、勇，三者，天下之达德也"（《中庸》），而"知以知，仁以守，勇以作"，"知入道，仁凝道，勇向道"（《读四书大全说·卷三·中庸》）②。另

---

① 左丘明. 左传 [M]. 郭丹，程小青，李彬源，译注. 北京：中华书局，2016：1328.
② 王夫之. 读四书大全说·卷三·中庸 [M]. 北京：中华书局，1975：128.

"子曰：'知者不惑，仁者不忧，勇者不惧'。明足以烛理，故不惑；理足以胜私，故不忧；气足以配道义，故不惧。此学之序也"（《四书章句集注·论语集注》）①。因此，古代为学的目标是通达至"德"，或"明明德"，知、仁、勇是通往德的具有层次性的路径。古代学子读书是为了明理，即知；由明理达到无私的境界并在行为操守上展现和保持，即仁；因明理和无私更具有克服万难以向"德"的气概，即勇。根据研究二的结果，寒门学子进取包含三个维度："热爱学习""做人有德""坚忍不拔"，其分别含有且侧重于"知""仁""勇"的意义。因此，寒门学子"立德"的进取还可以分为"知""仁""勇"三个方面（见表2-6）。

表2-6 优秀传统文化中寒门学子进取与一般进取维度的比较

"寒门学子进取"的维度		一般"进取"的维度
立德的进取	"知"的进取 "仁"的进取 "勇"的进取	精神修为的进取
立功的进取	—	事业作为的进取
立言的进取	—	

三、进取跨文化与跨时代的一致性及差异性

（一）内生动力跨文化的一致 VS 价值取向跨文化的差异性

研究一中评分者信度和研究者信度系数均在 0.95 以上，表明此内容分析的可靠性很高。而任何词语都具有跨文化的共通性和跨时代的传承性，因此通过跨文化与跨时代一致性及差异性的讨论，进一步考察研究结果的信效度。

在英语中，最符合"进取"内涵的词汇是 enterprise。其中，词根

---

① 朱熹.四书章句集注·论语集注卷［M］.北京：中华书局，2012：116.

enterprise指进入、捕获、获取。因此，除了进取之意，enterprise 还引申指企业、事业，即进入市场竞争并获取利益。在心理学研究中，一般使用形容词 enterprising，且侧重于指事业心、创业精神。① 而创业活动是个人突破自身约束、自我实现的重要途径②，因此事业心或创业精神就是在事业或开创事业中的进取心。根据研究一的结果，进取包括个人修为的进取和事业作为的进取两方面，而后者也可以理解为事业心。由此可见，西方社会的进取心主要体现在对事业作为方面的追求。而我国传统文化中的进取还包括个人修为的进取，并且两方面的进取相辅相成，即个人修为进取是事业作为进取的基础，事业作为进取是个人修为进取的发扬。此外，就事业作为的进取这一维度，中国传统文化中的"事业"与西方工商文明背景下的"事业"是有差异的。前者的终极目标是"明明德于天下"，且以个体的立德修身为出发点，后者指以追逐利益为目标且强调竞争，并以社会达尔文主义的淘汰机制为基础。

因此，虽然中西文化中的"进取"都是不断奋发向上并有所作为，但其目标与实现目标的路径截然不同。中西方进取内涵的差异源于各自文化价值观的不同。以前文引述的陈来关与中西方文化价值观差异的观点来解读中国传统文化中进取的独特性。首先，西方强调自由，而中国人强调个人对他人、对社群，甚至对自然负有的责任。无论是儒家还是墨家，都是以"天下大利"这一终极标准来标定进取，推崇"无为"的道家老子也是以"大国""天下"的视角来讨论，"无为而治"是一种"不进取的进取"。其次，西方特别是其近代社会非常强调个人权利，但中国人把"义"放在"利"之前，正如《大学》中"此谓国不

---

① De Jong J P J, Parker S K, Wennekers S, et al. Entrepreneurial Behavior in Organizations: Does Job Design Matter? [J]. Entrepreneurship Theory & Practice, 2015, 39 (4): 981-995.

② Blanchflower D G, Shadforth C. Entrepreneurship in the UK [J]. Foundations and Trends in Entrepreneurship, 2007, 3 (4): 257-364.

以利为利，以义为利也"，孔子的"君君臣臣父父子子"① 则规定了每个人在其角色的义务先于这个人的权利。因此，西方的进取鼓励追逐利益、鼓励竞争，推崇社会达尔文主义淘汰机制，而我国传统文化中的进取路径则以修身为出发点，强调义先于利。再次，西方的人本主义更多是以个人为本，但中国的以人为本表现为以群体为本，如《论语》所讲的"四海之内，皆兄弟也"，《礼记》所说的"圣人耐以天下为一家"②，表达的就是这种情怀。因此，中国人的进取，追求的是从个人到家庭再到国家乃至天下的和谐，即"修身齐家治国平天下"。最后，和谐高于冲突，在我们长久的价值观里我们尊崇的是"和"的理念，在处理和周边国家的关系上也有所体现，中国一直都是爱好和平的国家。总之，我国传统文化中的进取蕴含着中华民族从个体到整个民族乃至国家从修身出发的奋斗精神并以"明明德于天下"为终极目标的追求。

综上所述，进取具有跨文化的一致性与差异性。此外，进取心是一种内生动力，而且通过讨论发现，这种内生动力不仅表现在个体层面还表现在民族甚至人类层面。中华民族发展的内生动力不同于西方社会，且根源在于文化核心价值观的不同。

（二）进取精神跨时代的一致性 VS 进取表现跨时代的差异性

在《现代汉语词典》中，"进取"的含义是：努力向前；立志有所作为。由此可见，传统和现代的"进取"都含有对志向的不懈追求。

作为内生动力，进取心是推动中华民族发展的内在动因，而中华民族一向是勤劳勇敢、奋发进取的民族。新中国成立以来，在中国共产党的领导下，中国人民的进取精神推动中国社会发生了翻天覆地的变化。现代文化中的进取也含有志存高远、直爽锐利、刚毅果决、奋发有为、

---

① 论语·颜渊［M］.杨伯峻，译注.北京：中华书局，2017.
② 戴圣.礼记·礼运［M］.胡平生，张萌，译注.北京：中华书局，2017.

创新敢为的内涵。首先，志存高远表现为不局限于物质实体的收获与增长，还强调意识形态的发展与超越，如习近平总书记在党的十七大报告中提出，"实现中华民族伟大复兴是近代以来中华民族最伟大的梦想"，其中特别强调不只是经济的繁荣与复兴，更是中华文明的繁荣与复兴。其次，直爽锐利和刚毅果决表现为在追求高远目标的过程中，既审时度势又敢想敢干、干脆利落，如邓小平同志的"不管黑猫白猫，能捉老鼠的就是好猫"可以理解为对当时时代号召的回应，而这句话本身也显露出进取的中华民族在面对挑战时果决爽快的集体人格。最后，奋发有为和创新敢为的表现为通过拼搏、创新与实干实现远大目标。正如习近平总书记所说："40 年来取得的成就不是天上掉下来的，更不是别人恩赐施舍的，而是全党全国各族人民用勤劳、智慧、勇敢干出来的。"[1]

随着时代的发展，进取的指标和表现发生了变化，主要体现在封建农耕文明和中国特色社会主义市场经济背景下进取的差异。如前文所述，在我国优秀传统文化中，主要是儒家提倡入世建功勋的积极进取精神，即"学而优则仕"，科举制度则是进取的主要路径，这一方面能广纳贤才，另一方面能改变一些贫寒家族的命运。但科举制度的弊端也多被诟病，比如，范进中举、孔乙己的故事就是对其的讽刺。中国特色社会主义市场经济背景下的进取之路更加广阔，并且更加鼓励开拓和创新。但全球化背景下，政治、经济、文化的互通，也使得民众受到物质主义和消费主义的影响，出现过分追求物质上的成功而忽视精神上的追求，以及在市场诱惑刺激下急功近利、贪大冒进。

因此，进取具有跨时代的一致性与差异性，需要从历史唯物主义的角度，并且从中华民族发展的内生动力为出发点对其进行研究。

---

① 庆祝改革开放 40 周年大会在京隆重举行 习近平发表重要讲话［EB/OL］. 中华人民共和国中央人民政府网站，2018-12-18.

四、古今寒门学子进取心的比较及启示

（一）进取心作为积极人格力量需要有正确的价值内核

研究二根据扎根理论①对寒门学子的进取故事进行文本分析。扎根理论的方法使质性研究从描述走向解释和理论构架，因此研究二的目的是深挖出这一群体进取的核心特征与表现。研究过程与程序严格按照扎根理论文本分析的方法，并且在资料收集和数据编码过程中均请教中国古文与历史专家。以研究一得到的一般进取指标和维度为框架，结合研究二得到的寒门学子这一特殊群体进取的核心特征，进行一般与特殊的比较分析，得到寒门学子进取的指标和维度。为了进一步考察研究二结果的可靠性，对古代寒门学子与现代大学生进取的一致性与差异性进行讨论。

农村大学生，特别是家庭较为贫困的农村大学生的进取是一种负重致远的精神，且是他们脱贫致富，振兴家族乃至家乡的内生动力。他们的负重来自两方面，一是曾经历过的经济和心理上的双重压力，比如，儿时家庭经济状况往往低于城市家庭，留守儿童经历的比例显著高于城市家庭的小孩②，因此，需要比普通大学生经历更多的心理挫折、艰辛付出和自我蜕变，才能过上幸福生活，实现自我价值的人生目标；二是来自家庭，甚至家族、地区的殷切期待，身负这些重任的农村大学生，以自己的才干、能力、知识、德行等基本操作工具进行创造性自我实现活动，以获得周围人的信任和重视，并追求为社会做出更多贡献。因此，现代农村大学生的负重致远的精神在行为上的表现包括坚忍不拔和做人有德。此外，进取的农村大学生还是热爱学习的，因为学习是农

---

① 扎根理论是 Anselm Glaser 和 Barney Strauss 提出的 "一种运用体系化的程序，针对某一现象发展并归纳式地引导出理论的一种质性研究"。

② 根据全国人口第六次普查数据，全国留守儿童规模为 6972.75 万人，全国农村留守儿童为 6102.55 万人。

村大学生获得认可、提升自信的最主要途径。为了弥补曾经因相对落后的基础教育的制约所导致的基础知识不扎实、见识不广泛、兴趣特长缺乏的自卑心理，他们往往比城市大学生更发愤图强以获得他人的认同与尊重，实现由自卑向超越自卑的转化。①

古代寒门子弟与现代农村大学生的进取或内生动力也存在差异。傅安国等提出脱贫内生动力的洋葱模型——内生动力由内而外表现为价值观、自我观和行为倾向。从这三方面进行分析：首先，价值观是核心，古代寒门学子志存高洁，追求立德、立功、立言三方面的进取，并以"明明德"为终极目标；其次，自我观方面受到价值观的影响，于是寒窗苦读本身就成了修身立德的方式，进而成为一种自我认可，故使得寒门学子能够不卑不亢；最后，行为倾向是内生动力最外层的表现，受到价值观和自我观的影响，因此，他们更具有坚忍不拔的意志品质，并通过刻苦学习实现负重致远。

相比较而言，现代农村大学生的内生动力在价值观、自我观和行为动机方面更容易陷入崇尚精神价值与沉迷物质价值的矛盾，渴求自尊与内心自卑的矛盾，以及坚持高目标与得过且过的矛盾。从时代背景来看，农村大学生，特别是农村贫困大学生心理矛盾产生的根源在于，内生动力是受核心价值观引导的，而当今整个人类社会发展的内生动力的核心价值观受到消费主义和物质主义的影响，从而使得物质贫困与心理贫困的关联度更强。心理贫困的主要表现为志向失灵和行为失灵，即胸无大志、目光短浅，并且会做出不利于脱贫的决策行为②，所以农村大学生在进取过程中往往需要对抗心理贫困带来的自我怀疑与懈怠，从而产生心理矛盾。此外，特别是对于家庭相对贫困的农村大学生，社会上

---

① 俞国良，金光电. 自卑与超越：农村籍青年知识分子的成才之路 [J]. 青年研究，1992（12）：19-22.

② 胡小勇，徐步霄，杨沈龙，等. 心理贫困：概念、表现及其干预 [J]. 心理科学，2019，42（5）：1224-1229.

对他们还存有消极刻板印象并导致或强化贫困生的歧视知觉（Perceived Discrimination），而歧视知觉对贫困生发展的阻碍远远大过贫困本身①。研究表明，部分农村大学生核心自我评价偏低，孤独感较强，且伴有焦虑和抑郁等心理问题②，这反过来又对他们的内生动力造成负面影响，进而形成恶性循环。

（二）进取心是中华民族发展乃至人类文明发展的内生动力

总之，进取心不仅是个体脱贫的内生动力，还是中华民族发展，乃至人类文明发展的内生动力。并且，中华民族发展的内生动力不同于西方社会。随着时代的发展，现代农村大学生与古代寒门学子的内生动力也存在差异。具体而言，我国优秀传统文化中的进取蕴含着中华民族从修身出发的奋斗精神以及对"明明德于天下"这一终极目标的追求，这与西方社会中的 enterprise 有着鲜明对比。但随着历史的演进，这一特点的鲜明性有所下降，现代农村大学生的进取同样如此。然而，每个时代都有其时代精神，2012 年，中共十八大明确提出要倡导"人类命运共同体"意识；2020 年，疫情在全球多地蔓延，"人类命运共同体"思想又进一步被强调。几千年连贯发展至今的中华文明蕴含着延续整个人类文明长远发展的东方智慧，中华文明的伟大复兴是时代的召唤，正如习近平总书记指出的，"我们比历史上任何一个时期都更接近中华民族伟大复兴的目标"。通过以上分析，农村大学生作为脱贫致富一个重要而独特的群体，其内生动力或进取心已经不局限在脱贫致富的功能上，还推动着实现中华民族伟大复兴，而这正是对当今时代号召的回应。

---

① Pascoe E A, Richman L S. Perceived Discrimination and Health：A Meta-analytic Review [J]. Psychological Bulletin, 2009, 135（4）：531-554.

② 谢其利，宛蓉，张睿，等. 歧视知觉与农村贫困大学生孤独感：核心自我评价、朋友支持的中介作用 [J]. 心理发展与教育, 2016, 32（5），614-622.

第三章

乡村振兴背景下当代农村大学生进取心的内涵与结构

新时代十年，我们全面打赢脱贫攻坚战，历史性地解决了绝对贫困问题，启动实施乡村振兴战略，推动农业农村取得历史性成就、发生历史性变革。《中长期青年发展规划（2016—2025 年）》中指出，"青年是国家经济社会发展的生力军和中坚力量"。在国家出台的政策支持下，新时代大学生群体作为全党伟大事业的建设者和接力军，越来越多地参与到乡村振兴中来，对大学生自身发展以及乡村经济振兴都起着重要作用。

本书第二章研究了优秀传统文化背景下，古代寒门学子进取心的维度与指标。其为研究当今农村大学生进取心的指标和维度提供了一定参考和依据。但进取作为一种人格特质和意志品质，会随着时代的不同有不同的表现。具体而言，当今农村大学生正处在乡村振兴时代的大好历史时机下，他们是乡村振兴的重要新兴力量，同时乡村振兴的政策也让他们比过往的任何一个时代有了不断开拓进取、奋进新征程、推动实现共同富裕的使命、动力和信心。

为了考察乡村振兴背景下，当代农村大学生进取心的指标和维度，我们首先探讨了乡村振兴背景下进取心的内涵，其目的是结合上一章的研究结果，为下一阶段当代农村大学生进取心的深度访谈研究提供有关主题的选择和文本分析的思路。再通过开放式主题访谈的方法，结合以构建扎根理论为依据的文本分析，探索当代农村大学生进取心的指标和维度，为编制《农村大学生进取心问卷》提供基础。

一、乡村振兴背景下进取心的内涵

本书第二章从对古籍中关于进取的材料的内容分析中，得出进取的指标包括志存高远、直爽锐利、刚毅果决、奋发有为、创新敢为，分别对应了目标意识、为人风格、处世风格和行为表现四方面。而目标意识事实是受价值观引导的，为人风格和处世风格体现着一个人的内在精神动力取向和性格，行为表现是外在展现。由此可以看出，进取同内生动力类似，也有内在核心价值取向、精神表现，以及行为表现三方面。同时，进取和与其相对的退守一样都是一种选择，孔子曰："不得中行而与之，必也狂狷乎！狂者进取，狷者有所不为也。"在不同的时代背景下，社会对个体的选择也有要求和导向作用。因此，我们分别从历史层面、价值层面、精神动力层面和行为层面对乡村振兴背景下的进取进行内涵分析。

（一）历史层面：乡村振兴背景下的进取心是时代要求

从字面解释来看，《现代汉语词典》（第7版）对"进取"的解释是：努力向前；立志有所作为。有两层含义：一是过程方面，花费大量精力和工夫以取得进步的毅力；二是结果方面，有做出成绩的动机和夺取目标的决心。此外，进取的解释还含有与时代发展相契合的内容。具体而言，"向前"提示了进取的方向是与时俱进的，同时必须与时代精神和发展要求相统一才能实现"有所作为"。这体现出进取具有积极应对世事的思想和促进行为的动力。

关于"新时代"的科学内涵，十九大报告从历史方位、承担任务、主要矛盾、民族复兴和世界意义等方面进行了全面论述。"时代"是一个时间范畴。中国特色社会主义新时代，指的是我们完成社会主义初级阶段全部战略任务的时代，即决胜全面建成小康社会，进而全面建设社会主义现代化国家的时代，是中华民族实现伟大复兴的时代。乡村振兴战略是关系全面建设社会主义现代化国家的全局性、历史性任务，是新时代"三农"工作总抓手。党的十九届五中全会描绘了 2035 年我国基本实现社会主义现代化的远景目标，明确提出："全体人民共同富裕取得更为明显的实质性进展"，强调"扎实推动共同富裕"①。根据乡村振兴战略"三步走"的时间线，到 2035 年迈出第二步，即乡村振兴取得决定性进步，农业农村现代化基本实现。这体现出远景目标与乡村振兴战略安排的高度一致。乡村振兴战略与第二个百年奋斗目标相一致，没有乡村振兴最终目标的实现，全面建成社会主义现代化强国的第二个百年奋斗目标就不可能实现。习近平总书记曾这样详解，"中国人民要过上美好生活，还要继续付出艰苦努力。发展依然是当代中国的第一要务"，并强调"幸福是奋斗出来的"。习近平总书记在二十大报告中进一步提道，"在新中国成立特别是改革开放以来长期探索和实践基础上，经过十八大以来在理论和实践上的创新突破，我们党成功推进和拓展了中国式现代化。从现在起，中国共产党的中心任务就是团结带领全国各族人民全面建成社会主义现代化强国、实现第二个百年奋斗目标，以中国式现代化全面推进中华民族伟大复兴"②。因此，奋斗是当下的主题，进取是时代的要求。

（二）价值层面：乡村振兴背景下进取心的核心是共同富裕信念

在本书的第一章已经提出，乡村振兴背景下的进取心就是以共同富裕信念为核心的内生动力。思想是行动的先导，理论是实践的指南。只有具备共同的目标和信念，才能团结一致推动伟大目标的实现。

乡村振兴战略的落脚点是实现共同富裕。共同富裕是马克思主义中国化的重要理论观点，毛泽东以巨大的理论勇气和开拓精神对共同富裕

---

① 中共中央关于制定国民经济和社会发展第十四个五年规划和二〇三五年远景目标的建议［EB/OL］. 中华人民共和国中央人民政府网站，2020-11-03.

② 习近平. 高举中国特色社会主义伟大旗帜 为全面建设社会主义现代化国家而团结奋斗：在中国共产党第二十次全国代表大会上的报告［J］. 奋斗，2022（20）：4-28.

制度进行了初步探索。邓小平理论从社会主义的根本目的、根本任务和发展战略等高度指明了"建设中国特色社会主义，就是要朝着共同富裕的方向前进"。随着中国特色社会主义进入新时代，共同富裕思想在此社会实践命题下呈现出新的阶段性特征。在理论内涵上，强调发展的充分性、全体性与全面性，提出"全面建成小康社会，一个不能少；共同富裕路上，一个不能掉队"①。在实现路径上，提出共享发展理念，"坚持共享发展，必须坚持发展为了人民、发展依靠人民、发展成果由人民共享"，"使全体人民在共建共享发展中有更多获得感，增强发展动力，增进人民团结，朝着共同富裕方向稳步前进"②。因此，新时代的共同富裕不仅是党和国家的目标，也应当逐步成为人民群众的信念，激发其通过参与共建共享实现共同富裕的内生动力。可以将内生动力理解成进取心。根据傅安国等构建的脱贫内生动力洋葱模型，价值观是内生动力的核心，内生动力的核心是价值观，价值观的核心是信念，即一种被意识到的具有理论性的价值取向。结合上述分析，以乡村振兴背景下进取的核心是共同富裕信念。

（三）动力层面：乡村振兴背景下的进取心是一种斗争精神

习近平总书记在二十大报告中勉励全党："务必敢于斗争、善于斗争，坚定历史自信，增强历史主动，谱写新时代中国特色社会主义更加绚丽的华章。"③ 中国共产党的百年历史是一部伟大的斗争史，中国共产党人在革命、建设和改革的伟大实践中形成了深刻的斗争观。所谓斗争观，是中国共产党人运用马克思主义的立场观点和方法对"什么是

---

① 习近平总书记在十九届中共中央政治局常委同中外记者见面时的讲话［EB/OL］. 新华网，2017-10-25.

② 中共中央宣传部. 习近平新时代中国特色社会主义思想三十讲［M］. 北京：学习出版社，2018：109.

③ 习近平. 高举中国特色社会主义伟大旗帜　为全面建设社会主义现代化国家而团结奋斗：在中国共产党第二十次全国代表大会上的报告［J］. 奋斗，2022（20）：4-28.

斗争""为何要进行斗争""怎么样进行斗争"等根本问题的系统回答，蕴含着关于斗争的意义目的、精神品格、路径策略等若干方面的丰富内涵。在全面建设社会主义现代化国家、全面推进中华民族伟大复兴的新征程中，世界之变、时代之变、历史之变等特征更加明显，斗争形势更加复杂。

随着中国特色社会主义事业步入新时代，我们党的斗争更具时代性与总体性特征。在全面建设社会主义现代化国家、实现下一个百年奋斗目标的征程中，持续与"发展的不平衡性和不充分"这一现状进行伟大斗争；同时，立足世界历史与人类命运共同体的战略高度，与一切威胁国家安全与人民利益的外部因素进行坚决和持久的斗争。

乡村振兴战略是关系全面建设社会主义现代化国家的全局性、历史性任务。民族要复兴，乡村必振兴。乡村振兴战略是进行伟大斗争，实现中华民族伟大复兴的战略。乡村振兴背景下的进取既是时代要求，也是中国共产党斗争性的表现，因此也是一种斗争精神，并且这种精神"自上而下"渗透至广大人民群众。

（四）行为层面：乡村振兴背景下的进取心表现出较高的敢为性、有恒性

《论语·子路第十三》中提及，子曰："不得中行而与之，必也狂狷乎！狂者进取，狷者有所不为也。"由此可见，与进取相对的是退守。进取的狂正如少年的狂。青少年正处在进取的年华，梁启超的《少年中国说》："欲言国之老少，请先言人之老少。老年人常思既往，少年人常思将来。惟思既往也，故生留恋心；惟思将来也，故生希望心。惟留恋也，故保守；惟希望也，故进取。惟保守也，故永旧；惟进取也，故日新。"

我国虽有五千年的悠久历史，但同时中国共产党成立刚一百年，从新中国成立至今还不到百年。我们正处在实现第二个百年奋斗目标的阶段，可以把这一阶段比拟为奋进勃发的少年阶段。从中国共产党成立以

来，我们"实现了中国从几千年封建专制政治向人民民主的伟大飞跃；实现了中华民族由近代不断衰落到根本扭转命运、持续走向繁荣富强的伟大飞跃；改革开放以来，我们解放思想、实事求是，大胆地试、勇敢地改，干出了一片新天地；开辟了中国特色社会主义道路，使中国大踏步赶上时代"①。

马克思指出，"一步实际行动比一打纲领更重要"②。李君如在《实现中华民族伟大复兴的行动指南》中提道："狭路相逢勇者胜，敢拼敢干才会赢。""只有拿出更加昂扬的拼劲、闯劲与干劲，以咬定青山不放松，任尔东西南北风的定力、执着与信念不懈进取，砥砺奋进，才能劈波斩浪，驶向伟大梦想的彼岸世界。"③ 由此，在行动层面，当下的进取表现出较高的敢为性与有恒性。

二、乡村振兴背景下进取心的生态结构

综上分析，乡村振兴背景下的进取是时代要求，是一种斗争精神，以价值层面共同富裕信念为核心，表现出较高的敢为性与有恒性。历史层面的时代要求是由时代环境赋予的，动力层面的斗争精神是一种意志能量，是行为的动力取向，为行为提供能量，同时代要求一样，对行为是一种弥散性的影响，价值层面的共同富裕信念是行为的内在导向指引行为的具体表现。由此，认为乡村振兴背景下的进取结构由环境/动力和个体/行为构成的生态结构，包括环境层面的时代要求和相应的时代精神（斗争精神），以及个体层面的内在信念与外在行为（见图3-1）。

---

① 习近平说，实现中华民族伟大复兴的中国梦是新时代中国共产党的历史使命［EB/OL］. 新华网，2017-10-18.
② 习近平. 摆脱贫困［M］. 福州：福建人民出版社，2014：59.
③ 李君如. 实现中华民族伟大复兴的行动指南［J］. 人民论坛，2018（3）：20-21.

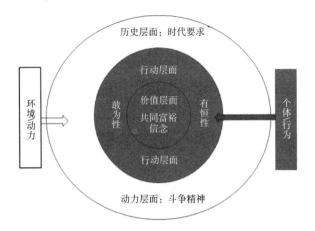

图 3-1　乡村振兴背景下进取心的生态模型

进取心是人世间一种相当复杂的、多维度的心理系统。我们可以从不同维度对它进行分析。例如，从进取心所属主体维度来看，可以分为工、农、商、学、兵等，职业差异可能使其进取心的内容有差异。从进取心的结构维度来看，可以分为达成人生目标，如人生目标很有价值不为名利所羁绊，直至人生目标有价值却完全服务于名利的种种人生境界的人生目标；还可以分为达成人生目标的勇气（勇往直前的精神），比如，畏惧失败犹豫不决、不承认错误被错误击败，远离恐惧敢于挑战困难、勇于放弃已获得的成绩等。

之所以从生态学的角度构建乡村振兴背景下进取心的结构，是因为通过对文献的解读，我们发现进取心不仅是一种个体的心理特质，也是一种受时代和环境影响的集体心理现象。对个体而言，进取其实没有一个固定的方向，受各自理想信念或价值观的影响；而对一个集体、社会乃至国家而言，就需要有高瞻远瞩且有历史使命感的智者为大多数人指出正确的方向，将他们引领上历史的主旋律，这就表现为时代和环境的要求与底层动力。与个体层面的价值信念和行为风格相辅相成、交互作用，推动整个社会发展前进。

（一）生态系统的外环：时代要求与斗争精神

1. 时代要求是显性的呈现

时代要求我们必须坚持奋斗、敢于斗争，实现第二个百年奋斗目标的胜利，以中国式现代化全面推进中华民族伟大复兴，这是乡村振兴背景下进取的方向。

2. 斗争精神是隐性的意志能量

中华文化饱含自强不息、厚德载物的进取精神。进取心是推动中华民族发展的内在动因，而中华民族一向是勤劳勇敢、奋发进取的民族。中国和西方有不同的历史文化和社会文化环境，造就了进取心和西方心理学语境中的"成就动机"不同。西方多是从个人的利益角度出发，中国人的进取追求的是从个人到家庭再到国家乃至天下的和谐，即"修身齐家治国平天下"，这与第二章的结果是相吻合的。因此，虽然进取会随着时代发展有不同的表现，但是受我国上下五千年历史文化熏染，具有跨时代的一致性。

乡村振兴背景下的进取特别表现出一种斗争精神。事实上，自新中国成立以来，在中国共产党的领导下，中国人民的进取精神推动中国社会发生了翻天覆地的变化，这种斗争精神延续至今。在激荡变革的年代，斗争精神体现为大无畏精神，源于希望、热诚、智慧和胆力四种品质[1]，呼唤人们革故鼎新，跟上世界发展的步伐；在探索前进的时代，进取心化身为敢于同腐朽的社会进行斗争、冒险奋斗战胜恶势力的理想抱负[2]；从改革开放到社会主义新时代，中国人进取心的追求从"解决温饱"到"基本小康"，再到"共同富裕"。当前正开始奋斗实现第二个百年奋斗目标的新征程，正是中华民族伟大复兴的关键时期，其中，乡村振兴是这一历史时期的一项重要举措。习近平总书记曾多次提到

---

[1] 梁启超. 饮冰室合集·新民说·论进取冒险 [M]. 北京：中华书局，1989：25.

[2] 陈独秀. 陈独文章选编·敬告青年 [M]. 北京：生活·读书·新知三联书店，1984：75-76.

"幸福是奋斗出来的"，这一历史时期背景下的进取是以实现全体人民共同富裕为目标、以共同富裕信念为核心的一种斗争精神。在党的二十大报告中，"斗争"无疑是一个出现频率较高的词。面向全党，习近平总书记提出三个务必，"务必敢于斗争、善于斗争"正是其中之一；面向未来，以中国式现代化全面推进中华民族伟大复兴，"坚持发扬斗争精神"成为前进道路上必须牢牢把握的重大原则之一。发扬斗争精神、增强斗争本领的内容，也经中国共产党全国代表大会同意被写入党章。由此可见，正确理解和把握斗争精神，坚持发扬斗争精神，成为党在新形势下进行具有许多新的历史特点的伟大斗争、全面建设社会主义现代化国家的必然要求。

（二）生态系统的内环：共同富裕信念与敢为有恒

1. 共同富裕信念是个体内在价值核心

个体心理现象必然受所处时代和环境影响，人们一方面会调整自己的心理和行为以适应特定的社会文化环境，另一方面会主动影响和建构环境本身。2021 年，中央一号文件《中共中央　国务院关于全面推进乡村振兴加快农业农村现代化的意见》指出，要坚持把解决好"三农"问题作为全党工作重中之重，把全面推进乡村振兴作为实现中华民族伟大复兴的一项重大任务。① 在 2020 年底召开的中央农村工作会议上，习近平总书记指出："脱贫攻坚取得胜利后，要全面推进乡村振兴，这是'三农'工作重心的历史性转移。"② 习近平总书记还强调，"接续推进全面脱贫与乡村振兴有机衔接，着重增强内生发展动力和发展活力"③。内生动力既包括机制体系层面，也包括体系中的个体层面。后

---

① 2021 年中央一号文件公布提出全面推进乡村振兴 ［EB/OL］. 新华网，2021-02-21.

② "三农"工作重心的历史性转移！习近平这样阐述 ［EB/OL］. 新华网，2020-12-30.

③ 人民日报评论员. 紧贴民生推动新疆经济高质量发展：论学习贯彻习近平总书记在第三次中央新疆工作座谈会上重要讲话 ［N］. 人民日报，2020-09-30（1）.

者的核心是价值观，而价值观的核心是信念，即一种被意识到的具有理论性的价值取向。① 因此，培育长久且可持续的内生动力进而推动乡村振兴，离不开个体层面正确信念的树立。

乡村振兴战略的落脚点是实现共同富裕。党的十九届五中全会描绘了 2035 年基本实现社会主义现代化远景目标，明确提出，"全体人民共同富裕取得更为明显的实质性进展"，强调"扎实推动共同富裕"②。根据乡村振兴战略"三步走"的时间线，到 2035 年迈出第二步，即乡村振兴取得决定性进步，农业农村现代化基本实现。这体现出远景目标与乡村振兴战略安排的高度一致。

2. 敢为有恒是个体外显行为风格

进取与退守相对，表现出勇于开拓的敢为性与坚持不懈的有恒性，这体现了进取的行事风格，它既受到时代要求的感召，又受到斗争精神的驱动，还有共同富裕信念的引领。只有信念和去斗争的热情是不够的，会成为说大话的巨人、行动的矮子，还需要有勇气和坚持，表现在行为上就是敢为性与有恒性。乡村振兴是一项长期的战略，实现中华民族伟大复兴更是任重道远。乡村振兴战略是关系全面建设社会主义现代化国家的全局性、历史性任务，是新时代"三农"工作总抓手。没有乡村振兴最终目标的实现，全面建成社会主义现代化强国的第二个百年奋斗目标就不可能实现。习近平总书记曾这样详解，"中国人民要过上美好生活，还要继续付出艰苦努力。发展依然是当代中国的第一要务"③，并强调"幸福是奋斗出来的"。习近平总书记在党的二十大报告主题中提道，"自信自强、守正创新，踔厉奋发、勇毅前行，为全面建

① 黄希庭，郑涌．心理学导论：第三版［M］．北京：人民教育出版社，2015：234.

② 习近平．关于《中共中央关于制定国民经济和社会发展第十四个五年规划和二〇三五年远景目标的建议》的说明［N］．人民日报．2020-11-03（2）．

③ 习近平．习近平在华盛顿州当地政府和美国友好团体联合欢迎宴会上的演讲［M］//中共中央文献研究室．十八大以来重要文献选编（中）．北京：中央文献出版社，2016：684.

设社会主义现代化国家、全面推进中华民族伟大复兴而团结奋斗"①，并进一步提道，"在新中国成立特别是改革开放以来长期探索和实践基础上，经过十八大以来在理论和实践上的创新突破，我们党成功推进和拓展了中国式现代化。从现在起，中国共产党的中心任务就是团结带领全国各族人民全面建成社会主义现代化强国、实现第二个百年奋斗目标，以中国式现代化全面推进中华民族伟大复兴"。因此，奋斗是当下的主题，进取是时代的要求。

三、当代农村大学生进取心的内涵

（一）研究路径：开放性主题访谈

我们将采取开放式主题访谈作为质性研究方法。开放式主题访谈指以访谈者与受访者的关系为结构，以访谈主题为探访核心，来了解社区心理普遍联系特点的范式载体，是一种中国社区心理学研究范式的载体②。对乡村振兴背景下农村大学生的心理访谈涉及社区心理的范畴，他们的成长经历中有大部分时间是在乡村，受到乡村文化的影响，虽然来到城市求学，但是主要社会关系还是在乡村。同时，我们的研究是围绕着乡村振兴来进行的，他们的乡村社区背景也必然是重点需要访谈的内容。因此，对他们的访谈不同于普通的个案深度访谈研究，而是需要从社区心理系统的角度去分析、考察。因为社区心理是一个具有普遍联系的复杂系统，要了解这个系统，访谈者提出的主题必须是开放的、不设限的，是多种多样的（如调查性研究主题、关系性研究主题、发展性研究主题等）和流变的。只有通过开放式主题访谈的方法才能收集到充分的信息来进行分析。围绕我们的研究目的，结合前文对乡村振兴

---

① 习近平.高举中国特色社会主义伟大旗帜 为全面建设社会主义现代化国家而团结奋斗：在中国共产党第二十次全国代表大会上的报告［J］.奋斗：2022（20）：4-28.

② 杜刚，黄希庭，吕厚超，等.开放式主题访谈：一种中国社区心理学研究范式载体［J］.西南大学学报（社会科学版），2021，47（2）：143-152，229.

背景下进取内涵的解读，对文本进行分析，最终得到当代农村大学生进取的指标和维度。

1. 选择受访者

本研究遵循质性研究的"目的性抽样"原则，抽取那些能够为本研究提供最大信息量的研究对象，具体取样时采取强度抽样的策略，寻找能够为研究主题提供密集、丰富信息的个体作为受访者。在研究之初不拟定受访者人数，以资料饱和为准则，达到饱和意味着以当前选定的分析视角，在当前访谈和分析的资料基础上，进一步的访谈搜集不再能帮助我们对进取心内涵产生更深入的理解①②。

在正式访谈之前我们开展了预访谈，预访谈对象主要是本研究课题组所在大学中的3名优秀农村大学生。正式访谈对象为课题组所在城市的大学（包括两所国家重点高职院校）中，13名大学三年级或大学四年级的优秀农村大学生，涵盖了西部、东部沿海、华中和华北地区的农村大学生。我们之所以选择大学三年级或大学四年级的学生，是因为学生在入学头两年还处在适应阶段。对优秀大学生的界定，我们以获得国家奖学金或者校级最高奖章，比如，西南交通大学的"竢实扬华奖章"获得者（每年全校只有10名）为标准。要获得这些奖章不仅要有优异的成绩，还要有较高的综合素质和心理健康水平。13名被试中，女生6名，男生7名；西部农村大学生4名，东部沿海地区农村大学生2名，华中地区和华北地区农村大学生2名，东北地区农村大学生3名；大三学生6名，大四学生7名；高职高专学生2名，985、211大学学生8名，其他大学学生3名。

---

① 陈向明. 质的研究方法与社会科学研究 ［M］. 北京：教育科学出版社，2000：104-111.

② 杨莉萍，亓立东，张博. 质性研究中的资料饱和及其判定 ［J］. 心理科学进展，2022，30（3）：511-521.

2. 获取资料的程序

程序借鉴李树杰和黄希庭的质性研究方法，具体如下。

（1）准备阶段。了解必备知识，确定访谈主题规划和问题预案。查阅相关文献，对进取心深入了解，结合其他相关理论做出既开放又有一定预设的访谈。访谈必须在理论指导下开展，没有理论，实践不过是习惯产生的例行工作，唯有理论才能唤起发明灵感，使其得以发展。[1]

（2）开始阶段。消除受访者疑虑，使其放心投入交谈。尽量向受访者传递好奇、尊敬、真诚等态度，摆明自己学习者的姿态，彼此建立信任，让受访者认识到这次访谈值得投入时间和精力，是一项有意义和有价值的事。

（3）主诉阶段。访谈者鼓励受访者陈述，并把控访谈方向。访谈者在引出话题之后，倾听受访者陈述，做一个好听众，过程中适当引导受访者的陈述不偏离主题，又尽可能地让其充分陈述与进取心有关的内容，借此大量收集受访者对进取心的理解和对行为原因的解释。

（4）交谈阶段。双方交流互动，访谈者对受访者进行提问和追问。在受访者陈述后，对其中有意义但未明确的信息进行提问和追问，要着重确认受访者的真实感受和尽量深挖行为背后的意义解释，带着怀疑的态度深入访谈，既怀疑受访者表述是否准确，又怀疑自己的预设是否符合实际，怀疑贯穿整个研究过程（访谈和资料分析）。

（5）回顾和结束阶段。回顾性提问，对信息查缺补漏，让受访者有一个补充或自我总结的机会。受访者的补充性回答有可能将没有问到但受访者觉得重要的观点呈现出来，从而形成闪光性的意外收获，甚至能构建出一个双方认可的"受访者理论"。之后，可选时机轻松自如地结束访谈。

---

[1] Beveridge W I B. The Art of Scientific Investigation [M]. NewYork：W W Norton & Company，2017：154.

（6）小结阶段。资料整理和访谈反思。在每一次访谈结束之后 24 小时内，访谈者将访谈的录音转化为逐字稿，并整理其他信息，就访谈方式是否需要修改、访谈提纲是否需要调整等情况进行反思总结，为下一次访谈积累经验和准备资料。质性研究的资料搜集和资料分析不能截然划分成两个研究阶段，而是呈现循环往复的特点。①

3. 资料分析过程

使用 QSR Nvivo11（N11）质性分析软件对资料进行编辑、提炼主题和统计相关构想的频数等操作。基于主题分析的方法，采用螺旋式研究模式对资料进行质性分析，主题分析是对与研究内容相关的重要信息的抽象概括，该过程是一种借助句子或段落思考的方式，每个步骤都是研究者思考的过程。

第一，提炼初级主题。首先，对每个受访者设置相应的编号（如 S1，S2，…，S13）；其次，研究者在 N11 软件中对导入资料中的词语、句子段落内容认真阅读、斟酌和分析，以"乡村振兴时代背景下进取心是什么""作为农村大学生，你的进取历程，以及有哪些表现"为研究核心，归纳反复出现的意义单元来确定参考点；最后，对确定的意义单元不断提问"这是什么""它代表着什么"，给相似的现象以同样的名字，分门别类确定初级主题。研究者在这一过程中持开放的态度，给后期分析留下空间，希望形成最适合的归纳概念。在该过程中，尽量纳入适当的心理学概念，以便合理地"延伸"质性资料的意义到更具心理学意义的解释。提炼出来的初级主题是暂时的，在整个分析过程中都会被反复修改以提高与高级主题的契合度。

第二，提炼亚主题和主题。进行类属分析，将初级主题加以聚类，顺着维度与属性线索进行关联性联结，使零散的资料初步形成有机关联

---

① 凯西·卡麦兹. 建构扎根理论：质性研究实践指南 [M]. 边国英，译. 重庆：重庆大学出版社，2009：39.

的整体。初级主题概括了研究主题的客观事实或客观状态，通常范围广、内容多，属于各类不同的意义单元，需对内在联系进一步梳理归纳、整合聚集、分类处理。在关联性联结的过程中，主要采用了同类比较、异类比较、横向比较和纵向比较的方法。对初级主题中可能的关系具体化，使不同受访者的材料之间建立连贯性，形成整体。该操作使得初级主题的关联形式概念化，也使得分析的资料理论化。这一过程对进取心现象进行的客观分析包括但不限于：进取心是在什么情形下产生的，整个过程产生了何种变化，这些变化为何产生？整个过程聚焦于受访者背景、事件背景等，建立情景性的、主体间关系的意义和解释，做出一套具有情境契合性的进取心描述。

4. 构成当代农村大学生进取心的成分及亚成分的提取

第二章关于古代寒门学子进取心的指标和维度研究结果，其指标包括志向高洁、慈悲仁义、坚忍不拔和热爱学习四方面。结合前文对乡村振兴背景下进取内涵的分析，我们可以将其划分为内在价值导向指引的志向和为人风格（慈悲仁义），精神动力层的坚忍不拔和行为层的热爱学习。以此为依据，分析访谈文字稿，对与进取心相关的重要信息进行层层概括后，分别形成初级主题、亚主题和主题。最终得出乡村振兴背景下，当代农村大学生的进取包含三个主题：共同富裕信念、拼搏奋斗精神和实干敢为风格。

其中，作为内核的共同富裕信念还可以再细分为三个亚主题：正义感、希望、合作，分别对应信念的情感、意志和行为层面。拼搏奋斗包含三个亚主题：耐挫力、自控力、毅力，分别对应针对应对具体挫折、实现相对短期/具体目标和实现长期目标/理想的意志力。实干敢为包含两个亚主题：实干、敢为，分别对应两种行为风格。具体结果见表3-1、表3-2。

表 3-1 当代农村大学生进取心成分的初级主题频次与亚主题

序号	初级主题	频次（次）	亚主题
1	拥护国家政策	28	正义感
2	同情弱者	37	
3	合理利己	39	
4	实现共同富裕	35	希望
5	实现个人价值	45	
6	生活和谐美好	43	
7	利他共赢意识	34	合作
8	团结协作能力	42	
9	牺牲奉献精神	27	
10	问题解决能力	40	耐挫力（具体）
11	情绪调节能力	46	
12	社会支持	32	
13	目标清晰	35	自控力（短期）
14	善于规划	43	
15	克服诱惑	32	
16	专注	36	毅力（长期）
17	坚持	37	
18	使命感	16	
19	认真刻苦	56	
20	诚实守信	48	
21	结果导向	32	实干
22	开放包容	31	敢为
23	敢于尝试	34	
24	热爱生活	46	

表 3-2　各级主题及具体表现

主题	亚主题	初级主题	具体表现
共同富裕信念	正义感	拥护国家政策，同情弱者，合理利己	支持国家政策，愿意投身乡村振兴支持国家建设，同情关爱弱势群体，追求人人平等，不断提升能力、发展自我，努力争取自己的权利和机会等
	希望	实现共同富裕，实现个人价值，生活和谐美好	对全体人民共同富裕目标的实现充满期待和信心，相信社会风气、公平公正，对负面事件更理性且积极归因，相信自己能实现个人理想与价值，相信自己能创造和谐美好的生活，能够让家人生活更好等
	合作	利他共赢意识，团结协作能力，牺牲奉献精神	认为要成功就不能单打独斗，愿意与同学共同发展，不断提升自己的组织协调能力，发挥自己在团队中的"螺丝钉"作用，积极团结同学，人际关系和谐，有奉献精神，为了实现共同的目标可以做出牺牲等
拼搏奋斗精神	耐挫力	问题解决能力，情绪调节能力，社会支持	自信乐观、迎难而上，想办法一步一步解决问题，遇事冷静有耐性，遇到困难时能够保持稳定的情绪，有家人、朋友的支持
	自控力	目标清晰，克服诱惑，善于规划	有明确具体的目标，善于制订计划，有较强的时间管理能力，不受外界干扰，懂得拒绝等
	毅力	专注，坚持，使命感	有高远的人生目标，认识到自己的责任，能持之以恒地做一件事，做事专注效率高，长期保持良好的生活习惯等

续表

主题	亚主题	初级主题	具体表现
实干敢为风格	实干	认真刻苦，诚实守信，结果导向	热爱学习，踏实勤奋，吃苦耐劳，做事诚信、不推脱、有担当，追求切实的成果，不让他人失望等
	敢为	开放包容，敢于尝试，热爱生活	能够接受和包容不同的观点，敢于尝试新鲜事物，敢于把自己的想法付诸实践，不怕失败，尽己所能、精益求精，对生活充满热情，有兴趣爱好，懂生活情趣等

（二）当代农村大学生进取心的价值内核：共同富裕信念

在农村大学生谈及自己进取的历程和进取的表现的陈述中，可以整理出正义感、希望和合作三个亚主题。这三方面对应着共同富裕信念的情感、意志和行为层的表现。

1. 正义感

正义感包括拥护国家政策、同情弱者、合理利己三个初级主题。首先，共同富裕信念是一种正义观，自然会赋予个体正义的情感。正义感首先要树立正确的正义原则，主要表现在对国家政策的理解、支持和拥护上。受访者认识到乡村振兴策略是为了缩小城乡差距，实现共同富裕；理解共同富裕并不等同于平均主义"一刀切"，而是要兼顾效率与公平；有受访者表示愿意投身到乡村振兴事业中，并主动了解大学生乡村振兴相关政策，为家乡做贡献，如"扶贫不能够等、靠、要，享受到了国家的政策扶贫红利，同时也需要靠自己的努力"（S4）。"毕业后打算回到农村创业，了解到有相关的政策支持，家里人也支持我这样做"（S11）。其次，受访者的正义感还表现为对弱者的同情。由于有共同或相似的经历，他们更能够体会其他弱势群体的困难，并愿意提供关心或帮助，如"看到支付宝上有捐助贫困山区的活动，会出一份力，虽然很微薄"（S8）。最后，受访者也会关注自己的权利，相信自己不比他人差而追求平等，并通过努力把握机会追求进步，如"会积极争取评奖评优，这是自己努力的结果，但看到他人获得也会为他人高兴"（S10）。

2. 希望

希望主题包括实现共同富裕、实现个人价值、生活和谐美好三个亚主题。共同富裕信念也蕴含着对未来美好生活的期许和希望。正是因为这一希望，人们才会愿意投身到实现这一目标的奋斗中去。实现共同富裕是指受访者相信共同富裕目标终会实现，相信社会风气、公平公正，对现存负面事件进行积极理性的判断和归因，如"相信共同富裕目标会实现，相信中华民族伟大复兴的中国梦会实现"（S11）。"对祖国未来充满信心"（S9）。实现个人价值表现在受访者有较多成功经验的反馈，能够尊重自己的选择、执行计划，相信自己能实现个人理想与价值，如"靠自己的努力来到大学，虽然经历了很多困难，但是更加相信自己不管遇到什么挫折都能够克服"（S12）。"目前已经保研，对自己的未来虽然有一定的忧虑，但更多是充满期待和信心"（S13）。生活和谐美好表现在相信未来生活质量更高，家庭更和睦，能够让家人生活更好，如"毕业后就可以为家里人分担一部分，家人的生活也会越来越好"（S9）。

3. 合作

合作主题包括利他共赢意识、团结协作能力、牺牲奉献精神。利他共赢意识表现在受访者认为要成功就不能单打独斗，愿意促进自己的好朋友共同发展，希望人际关系和谐，如"我和朋友都会互相督促，我们在班级里的排名都不错，都已经保研了"（S13）。团结协作能力表现在不断提升自己的组织协调能力，懂得在团队任务中发挥自己"螺丝钉"的作用，善于组织活动营造和谐的寝室关系/班级关系，如"我比较擅长维系同学间的关系，我们的寝室关系就很和谐，我认为关键在于每个人要散发出友好的气场"（S7）。牺牲奉献精神表现在乐于助人、乐于奉献，在组织中有担当，能为了实现共同的目标做出牺牲，如"我是班上的学习委员，院系有一个1对1自习辅导，我高数还不错，于是报了名。我觉得帮助他人解题也是提升自己的方法，同时会让我有成就感"（S6）。

（三）当代农村大学生进取心的底层意志：拼搏奋斗精神

"幸福是奋斗出来的。"进取的人是充满斗志、勇于拼搏、坚持奋斗的。拼搏奋斗包含三个亚主题：耐挫力、自控力、毅力，分别对应应对具体挫折、实现相对短期/具体目标和实现长期目标/理想的意志力。

1. 耐挫力（具体）

耐挫力是承受挫折并能迎难而上的能力。"人生不如意十之八九"，在访谈过程中，农村大学生在物质、学习能力、人际关系等方面都遇到过大大小小的困难和挫折，但这些优秀的农村大学生能够战胜困难。通过分析总结出三个亚主题：问题解决能力、情绪调节能力、社会支持。首先，问题解决能力表现在过往有较多成功解决问题的经验，从而自信乐观，遇到问题能够迎难而上、思路清晰，能够想办法一步一步解决问题，如"'有问题解决问题'是我认为比较实际的想法，着急和抱怨是没用的"（S9）。其次，情绪调节能力表现在遇事冷静有耐性，遇到困难时能够将情绪调节到积极的状态，能够较快从负性事件中复原并保持情绪稳定等，如"奶奶去世的时候，自己非常难过，学习也受到了影响。当时就想着奶奶对自己那么好，不能够辜负奶奶的期望，于是我打起精神去调整，积极暗示自己悲伤都会过去的。最后我扛了过来，那个学期成绩还不错"（S13）。最后，社会支持表现在，当遇到困难时，身边有家人朋友支持，提供物质支持，给予安慰鼓励等，如"我觉得自己很幸运，因为有困难的时候可以找家人、朋友倾诉，我的家人对我很包容，有次我被骗了1000元，这对我家来说是巨款，当时父母却安慰我没关系并很快转钱给我。我很感激我的父母"（S10）。

2. 自控力（短期）

自控力是指个体自主调节行为以达成目标的能力。一个进取的人在奋斗的过程中想要攻破一个个目标，需要制订计划、管理时间，并克服外界诱惑。受访者的自控力可以整理为三个亚主题：目标清晰、善于规划、克服诱惑。首先，目标清晰表现在有明确具体的目标，并将目标划分为长期目标与短期目标，每一天都有具体的安排，如"我每学期、每个月、每一周、每一天都有对应的目标和安排，我的学习生活安排得很明确，我觉得生活在掌控中很充实"（S6）。其次，善于规划表现在善于制订计划，能够协调学习、社会实践、社团工作、闲暇活动的安排，张弛有度，有较强的时间管理能力，如"我会把每天的时间进行分块处理，哪个时间段做什么事情都是被安排好的"（S6）。"我比较善于利用碎片时间，比如，我会用'番茄钟'来管理我的时间"（S5）。最后，克服诱惑表现在不易受外界干扰，善于独处，懂得拒绝，如"期末复习的时候我会一个人去图书馆自习，一个人吃饭。这个时间段我不太会参加聚餐这些活动，室友们也了解我、不强求"（S3）。

3. 毅力（长期）

进取的人往往有高远的理想，要实现理想需要毅力，即坚持不懈的意志和努力。毅力包含三个亚主题：专注、坚持、使命感。首先，专注表现在做事不拖拉、效率高，心无杂念、专心学习，如"我学习的时候很专注，不会受外界干扰"（S3）。其次，坚持表现在能长期坚持做一件事，不会浅尝辄止或三天打鱼两天晒网，如"我坚持长跑已经两年，每天至少跑 5 千米"（S2）。最后，使命感表现在有的受访者存有高远的目标，能认识到自己对家庭和社会的责任，能认识到历史赋予这一代年轻人的使命感，如"我认为自己是有使命感的，虽然现在还很年轻，但觉得自己有这个能力去为国家尽一份力"（S11）。

（四）当代农村大学生进取心的行为特征：实干敢为风格

进取的人是追求实在的结果并敢想、敢拼的。实干敢为是进取的行为风格，包含实干和敢为两个亚主题。

1. 实干

实干包括认真刻苦、诚实守信、结果导向三个初级主题。首先，认真刻苦表现为热爱学习、做事踏实勤奋、肯吃苦耐劳，如"目前的主要任务还是学习，而且我很喜欢学习，有时候看书看得忘了时间，遇到难题也会为了搞清楚而查阅很多书籍和视频"（S6）。其次，诚实守信表现在做事诚信，自己的责任不推脱，不窃取他人的劳动成果，如"我是社团的会长，我们的指导老师很喜欢我，因为老师交代给我的事情，我都完成得不错。我觉得并不是自己能力有多强，而是自己比较负责"（S1）。最后，结果导向表现在追求切实的成果，有担当，不让他人失望，如"我是追求结果的，如果努力了随后没有达到目标我还是会很遗憾，然后下次再努力争取"（S3）。

2. 敢为

敢为包括开放包容、敢于尝试、热爱生活三个初级主题。首先，开放包容表现在能够接受和包容不同的观点，对新鲜事物接受度高，如"来到大学之后看到有很多不同的人和观点，开阔了我的视野，我现在在学校吉他社，平时还自学街舞，有一帮拥有共同爱好的朋友，我很快乐"（S2）。其次，敢于尝试表现在敢于尝试新鲜事物，敢于把自己的想法付诸实践，不怕失败，尽己所能、精益求精，如"学院开展过一个小型的采访栏目，每期一个话题，要找话题、找人，还要录制、剪辑等，老师找到我来负责，我承担下来，确实也是我很喜欢的事情，现在一步一步在完善，同学们反响还不错"（S2）。最后，热爱生活表现在对生活充满热情，有兴趣爱好，懂生活情趣，如"我平时闲暇的时候会画画，自学的画画，可以为生活增添色彩"（S12）。"我是学校舞蹈团的成员，平时也很喜欢跳舞，是生活的调剂"（S5）。

四、当代农村大学生进取心的"双驱力"结构

当代农村大学生的进取包含三个主题：共同富裕信念、拼搏奋斗精神和实干敢为风格。三个主题分别对应进取心结构的内在信念、精神动力和行为风格。根据前文对乡村振兴背景下进取的内涵分析，核心价值是外在行为的价值导向，是进取结构的"拉力"；精神动力是外在行为的底层能量或意志动力，是进取结构的"推力"；行为风格则是进取的行为表现（见图3-2）。

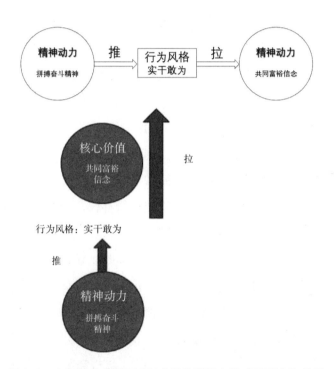

图3-2　乡村振兴背景下农村大学生进取心的"双驱力"模型

（一）前驱拉力：共同富裕信念

共同富裕是社会主义的本质要求，是社会主义的最大优越性，是中国式现代化的重要特征，是人民群众的共同期盼。这是进取的正确导

向。根据我们的分析整理，认为其包括正义感、希望和合作三个亚主题。这三个亚主题对应着共同富裕信念的情感、意志和行为层的表现。

正义感包括拥护国家政策、同情弱者、合理利己三个初级主题。根据社会学家约翰·罗尔斯（John Rawls）的观点，正义感是接受和执行正义原则的能力。① 共同富裕信念也可以被理解为一种正义观，因为它本身就是追求社会公平正义的。这里的公平正义不是整齐划一地搞平均主义，而是兼顾效率与公平。习近平总书记深刻指出，"我们坚持把实现人民对美好生活的向往作为现代化建设的出发点和落脚点，着力维护和促进社会公平正义，着力促进全体人民共同富裕，坚决防止两极分化"②。效率和公平是社会发展的两大重要目标，实现效率和公平相统一是我国社会主义现代化建设遵循的重要原则，也是实现共同富裕要考虑的重要命题。由此出发，正义感首先要接受这样一种正义观并执行该正义原则，需要做到拥护国家政策、同情弱者和合理利己。

首先，贫困的出现是源于社会结构运行的失调以及由此造成的资源分配不均。因此，解决贫困需要遵循"分配正义"，诉诸整体的社会制度改革和资源的再分配，以对贫困群体进行补偿。对国家政策的拥护正是因为对"分配正义"以及在此基础上的共同富裕目标实现的相信和拥护，是对相应的正义观的接受和认同。同时，精准扶贫制度不是单向的，不能将扶贫对象列为完全被动的、被施与的主体；精准扶贫制度是双向的，其始终会根据扶贫对象的反馈不断平衡和调整自己。因此，对农村大学生而言，支持国家政策除了表现在支持相关社会制度捍卫"分配正义"，还表现在对相关政策的积极参与和配合上，比如，愿意

---

① 约翰·罗尔斯. 正义论［M］. 何怀宏，何包钢，廖申白，译. 北京：中国社会科学出版社，2013：507.

② 习近平. 高举中国特色社会主义伟大旗帜　为全面建设社会主义现代化国家而团结奋斗——在中国共产党第二十次全国代表大会上的报告［J］. 奋斗，2022（20）：4-28.

投身于乡村振兴事业中，支持国家建设。

　　其次，自私自利，只关心自己利益、不在乎他人利益并不是进取的表现，也违背共同富裕的原则。正义感除了伸张自我利益外，还有一种自我克制的意识在内，这种自我克制的意识迫使主体有了他向关注，在自己利益之外，还要尊重他人的合法利益，遵守公共规范。"从认知层面来看，这种自我克制的意识正是来自对人的同情心"，"同情心是人的道德判断的媒介，使我们克服利己之心，做出合理的道德判断，认同公共利益"①，同情心在认知方面的引导作用使正义感的能力具有了道德意义。当代农村大学生对于有过类似经历的弱势群体有着天然的同情心，这也让他们在追求自身发展的同时，兼顾他人利益，甚至希望帮助和带动他人一起成长。这一点也充分体现了共同富裕中"共同"的意义。

　　社会主义社会的每个成员都是独立自主的，有人格尊严，是被尊重的主体，所以对于生活处于贫困中的成员，政府和社会有义务采取措施使其真正获得身处社会中的平等和自由身份，彰显作为人的尊严。同时，正义感的主体是理性主体，这意味着其以"自我为中心"，"自己是自己利益的代言人"②，正义感并非联系着一种利他主义，而是联系着一种合理的利己主义，它是利他与利己之间合理均衡的一种意识③。从解决贫困的角度来看，不仅要保障"分配正义"，还要遵循"发展正义"，即保障个体基本发展机会和权利。2020年，全面建成小康社会之后，我国进入后扶贫时代，扶贫工作重心逐渐转向解决相对贫困问题上，"激发内生动力"和"增强贫困人口自我发展能力"。农村大学生合理利己的表现在于关注自身利益、争取自己的权利，把握机会不断发

---

① 慈继伟. 正义的两面［M］. 北京：生活·读书·新知三联书店，2014：214.
② 约翰·罗尔斯. 正义感［M］//约翰·罗尔斯. 罗尔斯论文全集（上）. 陈肖生，等译. 吉林：吉林出版集团有限责任公司，2013：231.
③ 慈继伟. 正义的两面［M］. 北京：生活·读书·新知三联书店，2014：23.

展自我、提升自己的能力。这样理性的主体意识，追求发展正义也有助于通过个体的发展带动相关群体和区域的发展，进而推动乡村振兴。

有进取心的人对目标充满希望，这是一种持久的实现期盼、愿望或目标的信念。心理资本理论认为，希望是一种心理资源①。作为一种积极的心理资源，希望是一种基于内在成功感的积极动机状态，包括意愿动力（一种目标性指向的能量）和路径（用来达到目标的途径和计划）两种思维结构②，希望的大小影响个体追求目标的积极性和坚定性。本研究中，希望包括三个初级主题：实现共同富裕、实现个人价值、生活和谐美好。每一个初级主题既有对实现这一目标的意愿，又有达成或为这份目标贡献自己力量的途径。比如，实现共同富裕这一初级主题就表现为相信共同富裕目标终会实现，相信社会风气、公平公正，对现存负面事件进行积极理性的判断和归因。其中，这种相信的信念态度，以及因为相信而采取的对现存负面事件进行积极理性的判断和归因就分别代表希望的意愿和途径。

中国人对自己人（家庭、集体、国家）有较高的依赖③，他人的支持、集体和国家的认可，能增强个人的信心。自信在相信社会支持和社会环境层面上，以社会心理或文化表达④，社会关系和社会资本在中国人事业成就上有重要价值⑤。中国人进取的内生力量不只是来自自己，还来自更广阔的人际，具有更强大的力量。从自信角度来看，进取心是

---

① Snyder C R, Forsyth D R. Handbook of Social and Clinical Psychology：The Health Perspective ［M］. Oxford：Pergamon Press, 1990：285-305.

② 张青方, 郑日昌. 希望理论：一个新的心理发展视角 ［J］. 中国心理卫生杂志, 2002 (6)：430-433.

③ 王登峰, 崔红. 心理社会行为的中西方差异："性善—性恶文化"假设 ［J］. 西南大学学报（社会科学版），2008 (1)：1-7.

④ 毕重增, 黄希庭. 自信心理研究中的几个问题 ［J］. 西南大学学报（社会科学版），2010, 36 (1)：1-5.

⑤ 于海波, 郑晓明, 许春燕, 等. 大学生可就业能力与主客观就业绩效：线性与倒 U 型关系 ［J］. 心理学报, 2014, 46 (6)：807-822.

尽力发挥"自己"能力追求高价值目标的一种内生动力。

合作是共同富裕信念的行为层。中国文化强调和谐高于冲突，在我们长久的价值观里，我们尊崇的是"和"的理念。共同富裕是兼顾效率与公平的富裕，实现共同富裕要遵循公平竞争、互利互惠的市场原则。因此，不管是在过去，还是现在，乃至未来，进取的表现都不是个体单打独斗的竞争，而是需要合作共赢。在对当代农村大学生的访谈中，我们发现优秀的农村大学生具备利他共赢意识、团结协作能力、牺牲奉献精神。这与当下流行的所谓"内卷"是截然不同的，"内卷"带来的是没有切实意义的内耗，而只有合作才能带来相互促进和有意义的结果。

相较于城市大学生，农村大学生的集体主义意识更强，受乡村文化的影响较大。乡村对我国传统文化保留较多，虽有糟粕，但也留有很多精华，其中有利他、奉献、朴实、互帮互助的民风。受访者谈到自己从小就受到这一文化的熏陶，比如，邻里之间相互帮衬、为了集体利益大家抱团合作等，进入大学，也更愿意与同学互帮互助、共同进步。而成功的经验又进一步促进受访者的希望水平和正义感，从而进一步巩固共同富裕信念。

（二）后驱推力：拼搏奋斗精神

进取作为一种意志品质，自觉确定目标，并根据目标调节支配自己的行动，克服困难，去实现预定目标的心理倾向。因此，既有理性的分析认识成分，也有心理倾向性的动力成分。关于乡村振兴背景下的进取内涵分析中，斗争精神就是动力层面，为进取行为提供能量支持。拼搏奋斗精神包括耐挫力、自控力与毅力，分别对应对抗具体的困难挫折的能力、实现短期目标的调节控制能力与长期目标坚持不懈的能力。

（三）行为风格：实干敢为

实干敢为是进取的行为风格，包括实干和敢为两方面。前者主要表现在踏实肯干、追求结果方面；后者主要表现在敢于尝试、勇于创新方面。

综上所述，当代农村大学生的进取心是一个多层次、多维度的心理系统。以共同富裕信念为价值核心，以拼搏奋斗精神为动力，以实干敢为为行为风格。此外，共同富裕信念是行为的内在动机，是"拉力"；拼搏奋斗精神是底层动力，是"推力"，通过一推一拉带动个体的进取行为。

第四章

《大学生进取心问卷》的编制

前两章分别从古代和现代，特别是在乡村振兴背景下，分别考察了古代寒门学子与当代农村大学生的进取心的指标和维度。本章将以前两章的研究结果为基础，编制大学生进取心问卷，目的是编制出一份有较高信效度的测量工具，用于后续研究。

一、初始问卷的编制

（一）初始项目和维度的形成

1. 文献查阅

进取心的中国化研究较少，以"进取心""心理学"为关键词在CNKI 上搜索文献，李树杰和黄希庭在 2022 年 6 月发表的一篇文献非常突出，题目为《当代中国人进取心内涵的质性研究》。这是进取心的中国化研究。结果发现，当代中国人的进取心包含希望、自信、勇气和涵养四种成分；同时，进取心是一个复杂的开放性结构，根据不同的划分标准可以划分出不同的维度和结构。我们认为，我们的研究与李树杰和黄希庭的研究有较大的一致性，首先，我们都有"希望"；其次，拼搏奋斗中的那三个"力"，以及"正义"和"敢为"与"勇气"和"自信"都有相关联之处；最后，"合作""实干"也是"涵养"的体现。不同在于，前者得到的进取维度对应于人格上表现的各个方面，我们对进取维度的划分是将进取的信念、动力、行为表现作为标准。因此，我们前期研究的结果，包括维度划分和项目指标可以用于本次大学生进取心问卷编制。

此外，李树杰和黄希庭指出，中国的进取有"大我"和"小我"的区分，这与我国的文化密切相关。因此，在问卷中，项目确定和后期因素探索是需要考虑的。

2. 开放式问卷调查

虽然上一章已经对农村大学生进行了开放式主题访谈，并得到了农村大学生进取心的指标和维度，同时根据上文分析，其结果能够作为本次问卷编制的基础，但因为问卷针对的对象扩大到所有大学生，所以需要通过开放式问卷调查获取更多项目信息。

开放式问卷调查题目包括："你认为一个进取的人会有哪些比较突出的特征或表现？""你认为影响进取心的因素有哪些？""你是否认为自己是一个进取的人，为什么？"共发放开放式问卷 100 份，回收有效问卷 92 份。其中，男生 46 份，女生 46 份。

3. 初始问卷维度和项目的形成

根据开放式问卷调查结果以及上一章开放式主题访谈结果，邀请一位专家对结果进行讨论，用适合问卷的方式，对结果进行整理、修改并确定了维度和最初项目如下。

（1）希望，指对未来美好生活的期许及其终能实现的信念。希望包含的条目有"我相信全体人民共同富裕的目标会实现""我相信自己的家乡会越来越好""我认为个体的进取也会促进整个社会的进步与和谐""因为有目标那个愿景在那里，我们对未来是充满希望的""我相信通过进取能够实现自己的价值，让生活更有意义""我希望自己将来能让自己和家人生活得更富裕、美好""我希望未来生活充实、精神富足""我希望未来能通过自己的努力为他人或社会做出贡献"等，得到 8 个项目。

（2）正义，表现在拥护国家政策、同情弱者、合理利己三方面。

包含条目有"我认为扶贫不能够靠等、靠、要,更需要靠自己的努力""我认为共同富裕是公平正义,不是平均主义""我支持国家建设,跟随政策行事""当我看到他人被不公平对待时,我会在理性思考后为正义发声""当我看到生活有困难的弱势群体时,我会尽己所能提供帮助""我认为自己不比他人差,并争取机会追求进步""当自己的利益受到损害时,我会为自己争取应得的利益"等,得到 7 个项目。

(3)合作,这也是共同富裕的亚主题,表现在利他共赢意识、团结协作能力、牺牲奉献精神三方面。包含条目有"我认为进取主要靠单打独斗"(反向题目)"我认为要实现共同富裕,需要大家团结协作""我与同学互帮互助共同进步""我喜欢与同学分享学习经验""我善于在团队协作中发挥自己的作用""我善于组织沟通,促进团队凝聚力""为了达到团队目标,我不介意多做一点事情""我乐于奉献,因此获得他人的赞许和尊敬让我很满足"等,得到 8 个项目。

(4)坚韧,这对应上一章拼搏奋斗的主题,将三个亚主题耐挫力、自控力与毅力整合起来。坚韧是在压力情境下能够进行自我调节并持之以恒且专注目标的韧性,以及面临危险、挫折的坚强和战胜困难的勇气与能力。包含条目有"我有比较清晰的长期、中期、短期目标""我可以长期坚持做一件事并且精益求精""我在较强的压力下也能够专心做事""当遇到挫折时,我能够尽快调整自己的情绪""我很少有畏难情绪,敢于迎难而上""我善于进行时间管理,能够协调学习、工作和闲暇时间""我做事的时候心无旁骛,不会受外界的干扰""我自律性较强,不易受周围诱惑而改变计划""在我遇到困难的时候,我可以找到能够帮助我的人(如家人或朋友)""当我伤心难过的时候,可以找到家人、朋友倾诉"等,得到 10 个项目。

(5)踏实,这对应上一章实干敢为的亚主题实干,体现在认真刻苦、诚实守信、结果导向三方面,包含条目有"我学习认真刻苦、精益求精""遇到难题也会为搞清楚而查阅很多书籍和视频""我做事踏实，老师和同学都很信任我""我做事负责，不推脱责任""我答应别人的事情，我都会尽力去做""我做事追求切实有成效""如果没有达成目标，我会反省自己是否有尽心尽力"等，得到 7 个项目。

（6）敢为，这对应实干敢为的亚主题敢为，体现在开放包容、敢于尝试、热爱生活三方面。包含条目有"我敢于承认错误，不被错误击败""我认为进取的人需要有开放的心态""我乐于尝试新鲜的事物""我喜欢挑战一些有难度的陌生项目""尽管存在失败的风险，我也愿意去尝试自己梦想的事情""我对生活充满热情""我有一项以上业余爱好"等，得到 7 个项目。

（二）初始问卷的施测

1. 被试

在研究者所在的西部城市的 4 所大学中发放问卷 500 份，回收有效问卷 443 份，问卷有效率 88.60%。有效问卷中，男生 232 份，占 52.37%；女生 211 份，占 47.63%。大一、大二、大三、大四学生分别为 103 人、122 人、128 人、90 人，分别占 23.25%、27.54%、28.89%、20.32%。农村大学生 246 人，占 55.53%；城镇大学生 197 人，占 44.47%。贫困大学生 231 人，占 52.14%；非贫困大学生 212 人，占 47.86%。西南地区大学生 102 人，占 23.02%；西北地区大学生 92 人，占 20.77%；华中/华北地区大学生 92 人，占 20.77%；东北地区大学生 85 人，占 19.19%；东部沿海地区大学生 72 人，占 16.25%。文科专业 138 人，占 31.15%；理科专业 158 人，占 35.67%；工科专业 147 人，占 33.18%。

2. 问卷施测

由心理学专业研究生组织集体施测。

3. 统计处理

使用 SPSS22.0 软件进行数据分析。

（三）初测结果与分析

1. 项目分析

（1）极端组比较。计算 47 个题目的临界比率（*CR* 值），进行极端组的比较。依据全量表总分，把前 27% 划分为高分组，后 27% 划分为低分组，对高、低两组进行独立样本 *t* 检验。结果显示，高、低两组差异显著，表明题目具有鉴别力，对全部题目予以保留做进一步分析。

（2）描述统计指数检验。描述统计指数检验利用题目的描述统计量来诊断题目的优劣，过于极端的平均数、较小的标准差与严重的偏态代表测验题目可能存在鉴别度不足的问题，属于不良题目，具体的鉴别标准由研究者根据需要自行决定。[①] 在本书中，把平均数超过全量表平均数两倍标准差、偏态系数接近正负 1、标准差小于 0.75 作为鉴别题目优劣的依据进行题目的筛选。统计结果显示，第 7、第 17、第 30、第 44 题偏态大于 1，第 21、第 26 题的标准差小于 0.75。根据鉴别指标，这 6 道题的鉴别能力较低，进行删除。

2. 探索性因素分析

（1）因素分析的适应性检验。对剩余的 41 个题目进行探索性因素分析。首先对数据进行取样适当性检验。取样适当性 *KMO* 值为 0.90，Bartlett 球度检验值为 8661.522，*p*<0.001，说明各项目之间有共享因素的可能，适合进行因素分析。

（2）探索性因素分析结果。对 41 个项目进行探索性因素分析，参照因素特征大于 1；每个因素至少包含 5 个项目；因素负荷值在 0.45 以上，且交叉负荷小于 0.15 的标准，删去第 9、第 12、第 14、第 16、第 32、第 33、第 35 题，最终获得 5 个显著因素，一共能够解释的变异数为 65.731%，根据理论构想和题项内容如下。

因子 1 坚韧，包含 8 个项目，主要涉及有清晰的目标，能持之以恒

---

① 邱皓政. 量化研究与统计分析 [M]. 重庆：重庆大学出版社，2013.

地坚持、精益求精，有较强的耐挫力和自律性。因子2合作，包含8个项目，主要涉及社会层面、团队层面以及同学之间的团结协作、共同进步的意识与能力。因子3希望，共7个项目，主要涉及对实现共同富裕目标、个人理想与愿景的信念以及对应的思想觉悟与价值导向。因子4敢为，共6个项目，主要涉及敢想敢干，包容开放、热爱生活的行为风格与态度。因子5踏实，共5个项目，主要涉及做事踏实负责、务实、追求成果的行为风格与态度。维度划分具体题项见表4-1。

表4-1 初始问卷探索性因素分析的结果

题项	F_1	F_2	F_3	F_4	F_5
24. 我有比较清晰的长期、中期、短期目标	0.813				
34. 我学习认真刻苦、精益求精	0.805				
25. 我可以长期坚持做一件事并且精益求精	0.782				
28. 我很少有畏难情绪，敢于迎难而上	0.762				
27. 当遇到挫折，我能够尽快调整自己的情绪	0.738				
31. 我自律性较强，不易受周围诱惑而改变计划	0.724				
15. 当自己的利益受到损害时，我会为自己争取应得的利益	0.715				
29. 我善于进行时间管理，能够协调学习、工作和闲暇时间	0.683				
3. 我认为个体的进取也会促进整个社会的进步与和谐		0.783			
8. 我希望未来能通过自己的努力为他人或社会做出贡献		0.775			

续表

题项	F_1	F_2	F_3	F_4	F_5
23. 我乐于奉献,因此获得他人的赞许和尊敬让我很满足		0.743			
18. 我与同学互帮互助共同进步		0.712			
13. 当我看到生活有困难的弱势群体时,我会尽己所能提供帮助		0.687			
19. 我喜欢与同学分享学习经验		0.647			
20. 我善于在团队协作中发挥自己的作用		0.635			
22. 为了达到团队目标,我不介意多做一点事情		0.615			
1. 我相信全体人民共同富裕的目标会实现			0.715		
2. 我相信自己的家乡会越来越好			0.685		
4. 因为有目标那个愿景在那里,我们对未来是充满希望的			0.672		
5. 我相信通过进取能够实现自己的价值,让生活更有意义			0.653		
6. 我相信将来能让自己和家人生活得更富裕、美好			0.638		
11. 我支持国家建设,跟随政策行事			0.610		
10. 我认为共同富裕是公平正义,不是平均主义			0.583		
41. 我敢于承认错误,不被错误击败				0.672	
42. 我认为进取的人需要有开放的心态				0.654	
43. 我乐于尝试新鲜的事物				0.618	
45. 尽管存在失败的风险,我也愿意去尝试自己梦想的事情				0.592	

续表

题项	F_1	F_2	F_3	F_4	F_5
46. 我对生活充满热情				0.586	
47. 我有一项以上业余爱好				0.573	
36. 我做事踏实，老师和同学都很信任我					0.623
37. 我做事负责，不推脱责任					0.609
38. 答应别人的事情，我都会尽力去做					0.593
39. 我做事追求切实有成效					0.581
40. 如果没有达成目标我会反省自己是否尽心尽力					0.573
特征值	6.022	5.597	4.556	3.695	2.356
贡献率（%）	23.614	16.302	11.601	7.839	6.375
累计贡献率（%）	23.614	39.916	51.517	59.356	65.731

二、正式问卷的确定与形成

（一）再测问卷项目的形成

通过初试问卷测试，我们最终得到 5 个维度 34 个项目的问卷，并对题项重新编号。

（二）正式问卷的施测

1. 被试

在研究者所在的西部城市的 4 所大学中发放问卷 1500 份，回收有效问卷 1290 份，问卷有效率 86.0%。有效问卷中，男生 683 份，占 52.9%；女生 607 份，占 47.1%。大一、大二、大三、大四学生分别为 335 人、312 人、358 人、285 人，分别占 26.0%、20.8%、27.8%、22.1%。农村大学生 654 人，占 50.7%；城镇大学生 636 人，占 49.3%。贫困大学生 651 人，占 50.5%；非贫困大学生 639 人，占

49.1%。西南地区大学生 309 人，占 24.0%；西北地区大学生 290 人，占 22.5%；华中/华北地区大学生 301 人，占 23.3%；东北地区大学生 258 人，占 20.0%；东部沿海地区大学生 132 人，占 10.2%。文科专业 398 人，占 30.9%；理科专业 459 人，占 35.6%；工科专业 433 人，占 33.6%。

2. 问卷施测

由心理学专业研究生组织集体施测。为了获得重测信度，正式施测被试中的 100 名学生被要求填写联系方式，并在 2 周后再次完成问卷填写，共获得有效问卷 87 份。

3. 统计处理

使用 SPSS22.0 软件和 AMOS22.0 软件对数据进行处理。

（三）结果与分析

1. 探索性因素分析

（1）因素分析的适应性检验。对剩余的 34 个题目再次进行探索性因素分析。首先对数据进行取样适当性检验。取样适当性 *KMO* 值为 0.87，Bartlett 球度检验值为 8331.234，$p<0.001$，说明各项目之间有共享因素的可能，适合进行因素分析。

（2）探索性因素分析结果。依照因素特征大于 1；每个因素至少包含 5 个项目；因素负荷值在 0.45 以上，且交叉负荷小于 0.15 的标准，删除重新编号后的题项 7（原题项 15）"当自己的利益受到损害时，我会为自己争取应得的利益"和题项 28（原题项 46）"我对生活充满热情"最终得到 5 个维度 32 个项目。删除项目后，除了各因素负载荷存在差异，项目和维度与初始问卷施测结果一致，共解释变异数为 76.236%（见表 4-2）。

表4-2　正式施测探索性因素分析结果

题项/因子	合作	坚韧	希望	敢为	踏实
11. 我乐于奉献，因此获得他人的赞许和尊敬让我很满足	0.813				
9. 我认为个体的进取也会促进整个社会的进步与和谐	0.798				
10. 我希望未来能通过自己的努力为他人或社会做出贡献	0.784				
14. 我喜欢与同学分享学习经验	0.763				
16. 为了达到团队目标，我不介意多做一点事情	0.758				
12. 我与同学互帮互助共同进步	0.739				
13. 当我看到生活有困难的弱势群体时，我会尽己所能提供帮助	0.728				
15. 我善于在团队协作中发挥自己的作用	0.710				
4. 我很少有畏难情绪，敢于迎难而上		0.781			
1. 我有比较清晰的长期、中期、短期目标		0.776			
3. 我可以长期坚持做一件事并且精益求精		0.758			
2. 我学习认真刻苦、精益求精		0.743			
5. 当遇到挫折时，我能够尽快调整自己的情绪		0.722			
6. 我自律性较强，不易受周围诱惑而改变计划		0.689			
8. 我善于进行时间管理，能够协调学习、工作和闲暇时间		0.675			
17. 我相信全体人民共同富裕的目标会实现			0.725		

续表

题项/因子	合作	坚韧	希望	敢为	踏实
20. 我相信通过进取能够实现自己的价值，让生活更有意义			0.718		
19. 因为有目标那个愿景在那里，我们对未来是充满希望的			0.702		
18. 我相信自己的家乡会越来越好			0.685		
21. 我相信将来能让自己和家人生活得更富裕、美好			0.673		
22. 我支持国家建设，跟随政策行事			0.666		
23. 我认为共同富裕是公平正义，不是平均主义			0.637		
27. 尽管存在失败的风险，我也愿意去尝试自己梦想的事情				0.679	
24. 我敢于承认错误，不被错误击败				0.662	
25. 我认为进取的人需要有开放的心态				0.653	
26. 我乐于尝试新鲜的事物				0.642	
29. 我有一项以上业余爱好				0.610	
30. 我做事踏实，老师和同学都很信任我					0.625
34. 如果没有达成目标，我会反省自己是否有尽心尽力					0.616
32. 答应别人的事情，我都会尽力去做					0.593
31. 我做事负责，不推脱责任					0.586
33. 我做事追求切实有成效					0.572
特征值	6.093	5.144	4.806	3.875	2.992
贡献率（%）	28.231	20.152	15.313	8.211	4.329
累计贡献率（%）	28.231	48.383	63.696	71.907	76.236

再对以上 5 个一阶因素进行二阶探索性因素分析。使用主成分、正交极大方差旋转法抽取因素，得到两个二阶因素，共解释的变异数为 72.835%。其中，因素 1 包含合作、希望、敢为，这 3 个因素主要涉及向外与他人合作、向外投注自己的理想、向外表现个人的风格，比如，希望维度包含对国家和社会层面的期待，如对共同富裕目标实现、社会以及家庭和谐美满的愿景与信念；合作维度涉及社会、团队以及同学之间的团结协作；敢为维度涉及对新鲜事物和梦想的大胆尝试的外显表现。与西方的个体主义不同，中国文化里更突出"大我意识"，当我们把自己放在社会或与他人关系层面上时，往往是通过把自己当作集体中的一员来思考自身并确定自己的理想信念与目标，会在集体中塑造自己的行为风格并通过"成人"来"达己"。同时，优秀传统文化中，进取者具有极高的志向并且胸怀坦荡，如《四书章句集注·论语集注卷》中的注解"狂者，志极高而行不掩"①，虽然把自己放在集体中会表现出"成人达己"且胸怀天下，但在行为上会表现出直爽锐利和创新敢为，比如，"惟保守也，故永旧；惟进取也，故日新"②（《梁启超文集·少年中国说》）。

因素 2 包括坚韧与踏实，这两个因素主要涉及个体为实现目标的坚忍不拔精神、抗压耐挫能力，以及做事踏实行为风格，因此与因素 1 对应，我们认为因素 2 是将自己更偏向以内隐的方式追求目标的实现。因此，将两个二阶因素命名为"显性的进取"与"隐性的进取"（见表4-3）。

---

① 朱熹. 四书章句集注·论语集注卷［M］. 北京：中华书局，2012：148.

② 梁启超. 少年中国说［M］. 北京：中国画报出版社，2016：1.

表4-3 二阶探索性因素分析结果

	显性的进取	隐性的进取
合作	0.823	
希望	0.794	
敢为	0.775	
坚韧		0.789
踏实		0.754
特征值	2.392	1.543
贡献率（%）	43.892	28.943
累积贡献率（%）	43.892	72.835

2. 验证性因素分析

本书检验设置3个可比较的备择模型。分别是模型1，一阶五因素模型；模型2，二阶五因素模型。采用极大似然估计（Maximum Likelihood Estimation）检验拟合程度，得到结果见表4-4、图4-1。由表4-4可以看出，模型2优于模型1。模型2的各项拟合指标比模型1好，并表现出有较高的结构效度。

表4-4 大学生进取心问卷验证性因素分析结果

变量	λ^2/df	PNFI	NFI	AGFI	CFI	IFI	RFI	SRMR	RMSEA
模型1	3.256	0.896	0.902	0.876	0.849	0.876	0.865	0.073	0.089
模型2	3.124	0.912	0.905	0.891	0.893	0.914	0.903	0.069	0.076
参考值	>5.0	>0.9	>0.9	>0.9	>0.9	>0.9	>0.9	<0.08	<0.08

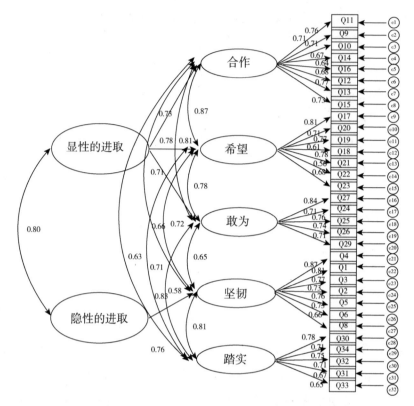

图 4-1　大学生进取心问卷二阶五因素结构验证性因素分析结果

3. 信效度检验

（1）信度检验。本书采用内部一致性系数和重测信度检验问卷的信度。两种取向工作满意度问卷的内部一致性系数（α 系数）和重测信度均高于 0.70，表明农村大学生进取心问卷具有高度的内部一致性和跨时间的稳定性（见表 4-5）。

表 4-5　大学生进取心问卷的信度检验结果

变量	合作	坚韧	希望	敢为	踏实	总体
α 系数	0.80	0.79	0.78	0.75	0.81	0.88
重测信度	0.75	0.81	0.77	0.82	0.81	0.86

（2）效度检验。

①内容效度检验。内容效度是一个测量实际测到的内容与所要测到的内容的吻合程度。本问卷是以前期的开放式主题访谈研究结果为基础，结合文献查阅，后期的开放式问卷调查，并邀请心理学专家审查和修改制定的。因此，可以认为本问卷具有较高的内容效度。

②结构效度检验。结构效度是一个测量工具能够测得一个抽象概念的程度。验证性因素分析是利用一组题目和潜在概念的关系的检验，来确认数据的模式是否为研究者预期的形式。验证性因素分析结果表明，二阶五因素的结构有较好的拟合度，因此说明本问卷具有较高的结构效度。

三、讨论与结论

（一）《大学生进取心问卷》的信效度

《大学生进取心问卷》的项目是从上一章开放式主题访谈的结果，以及开放式问卷调查中获得，并与一位心理学专家进行讨论后得到初拟的 6 个维度、46 个题目的调查问卷。通过两轮测试、两轮探索性因素分析、一次验证性因素分析，最终得到二阶五维度 33 个项目的大学生进取心问卷。施测和统计过程严格遵守心理测量学的方法，内部一致性系数和重测信度在各维度以及总体上都超过了 0.70，验证性因素分析各项拟合指标良好，因此可以认为《大学生进取心问卷》具备较高的信效度。

（二）《大学生进取心问卷》的二阶五因素结构

1. 一阶五因素结构

从题目内容上看，大学生进取心表现出有"大我"进取心、"小我"进取心及"个我"进取心，这与李树杰和黄希庭对当代中国人进取心结构的研究结果一致。比如，在希望维度，既有"我相信全体人民共同富裕的目标会实现""我相信家乡会越来越好"等对国家、社会层面的希望和信念；也有"我相信将来能让自己和家人生活得更富裕、美好""我相信通过进取能够实现自己的价值，让生活更有意义"等家庭和个人层面的希望和目标。合作维度既有"我认为个体的进取也会促进整个社会的进步与和谐"，通过"小我"的进取通达"大我"或成己达人的进取，也有"我乐于奉献，因此获得他人的赞许和尊敬让我很满足"的成人达己的进取。踏实维度既有"答应别人的事情，我都会尽力去做""我做事踏实，老师和同学都很信任我"等"大我"层面的进取，也有"我做事追求切实有成效"等"个我"层面的进取。在坚韧和敢为这两个维度，"大我"的进取和"小我"的进取区分并不明显，这是因为坚韧和敢为分别是个体面对困难和压力的坚韧性与自我调节能力，以及个体敢于尝试不怕失败的行为风格，而根据前面几个维度可以推测，他们面对的困难，或者敢于尝试的勇敢也应该既包括实现"大我"的目标，也包括实现"小我"和"个我"的目标。由此可以看出，当代大学生的进取心也受我国文化的影响和价值引导，是把自己放在国家和集体的范畴下来思考自身，有爱国主义的情怀，并在群体中通过成人达己、成己达人的交互方式来进取，这与西方的个体主义进取是不同的。具体而言，首先，西方强调自由，而中国人强调个人对他人、对社群，甚至对自然所负有的责任；其次，西方特别是其近代社会非常强调个人权利，但中国人把"义"放在"利"之前；最后，西方的人本主义更多是以个人为本，但中国的以人为本表现是以集体为本。[①] 总之，在中国文化背景下，进取的目标和路径与西方是不同的，《大学生进取心问卷》的题项蕴含着"大我""小我""个我"的进取。

从维度上看，《大学生进取心问卷》是一个二阶五维度结构。首先，五维度分别是：希望、坚韧、合作、敢为、踏实。第一，希望是一

---

① 冯缙，秦启文. 传统文化中寒门学子"进取"的指标与维度研究 [J]. 心理研究，2020，13（4）：328-336.

种基于内在成功感的、积极的动机状态，是个体完成某项目标的信念①。在心理资本理论中，希望是一个重要的心理资本，一个失去希望感的人往往自暴自弃或者看似忙忙碌碌却毫无生趣。只有充满希望，个体才会有实现目标的动力，才会乐观勇敢地去追求理想、积极进取，并在进取的过程中感到意义和价值，因此希望是进取的动力，为进取提供心理能量。第二，"人生不如意十之八九"，在追求目标的过程中，一定会遇到困难、挫折，同时还会遇到各种干扰和诱惑，这就需要有战胜困难和持之以恒的坚韧性，为进取提供排除困难、抵抗诱惑的意志力。第三，人是具有社会性的，单打独斗是实现不了目标的，不管是在哪种文化下，不管是"大我""小我"，还是"个我"的进取，都需要有合作的意识和能力，因此，合作为进取之路提供团队支持。第四，敢为，一个进取的人不能墨守成规，需要有开放包容的胸襟，以及敢于尝试、敢于失败、敢于承认错误、敢于开拓创新的勇气和行为风格。《中庸》里就有"知、仁、勇，三者，天下之达德也"，而"知以知，仁以守，勇以作"，"知入道，仁凝道，勇向道"②（《读四书大全说·卷三·中庸》）。因此，敢为是进取的行为风格。第五，一个进取的人必须有实干的能力，不能是"说话的巨人、行动的矮子"，不能只说不做，或者做的只是花架子。这样不仅不能真实进步，还会因此导致别人的不信任，久而久之陷入孤立无援的境地，因此踏实是进取的另一个行为风格，相对于敢为，进取的表现更加隐性，分别是显性的行为风格和隐性的行为风格。2006 年，黄希庭提出"幸福的进取者"概念，并指出其需要具备的心理素质：正确的价值观，积极的自我观，以及热爱学习、追求理想、善于实干、仁德之心、人际和谐、团队合作和心境平和等品

① Snyder C R, Irving L M, Anderson J. Hope and Health [M]. Handbook of Social and Clinical Psychology, 1991: 285-305.
② 王夫之. 读四书大全说·卷三·中庸 [M]. 北京：中华书局, 1975: 128.

质。根据前文分析，我们通过研究得到的大学生进取心一阶五维度与该结果是和谐的。具体而言，希望是积极的价值观和自我观的体现，同时也是追求理想的动力；坚韧表现在热爱学习、追求理想以及心境平和等方面，心境平和之所以是坚韧的表现，是因为坚韧需要有积极的情绪调节能力，只有心境平和才能理性地战胜困难、应对压力；合作与团队合作、人际和谐以及仁德之心也有重叠之处；追求理想必须勇敢、敢为，因此与敢为也有相融的地方；踏实也表现在善于实干、热爱学习、追求理想等方面。

综上所述，本研究得到的大学生进取心五个维度与以往研究是和谐的。差异来自进取心是一个复杂的心理系统，可以有不同的划分依据和标准，从而得出不同的维度。因为，我们的研究是以之前的开放式主题访谈研究结果为基础的，在题目和维度的形成上有乡村振兴背景的影响。而上一章得到的结果表明，乡村振兴背景下的进取心是一个有内在信念、底层精神动力以及外在行为的结构，因此，这一章所得的大学生进取心结构也包含了作为信念的希望、作为意志力（对应底层精神动力）的坚韧，以及作为行为风格的敢为和踏实。不同在于之前归于共同富裕信念中的合作，单独成为一个维度，作为进取的社会支持。由此可以看出，乡村振兴背景下的进取心结构并没有改变进取心的内涵，只是对进取心的结构提供了划分依据的逻辑。

2. 二阶五因素结构

本书还进一步对问卷进行了二阶探索性因素分析，得到显性的进取，包括合作、希望和敢为实干三个一阶因素；显性的进取，包括坚韧与踏实两个一阶因素。我们原本是想通过二阶因素分析探寻是否可以再次划分为"大我""小我"和"个我"的进取，但最后发现，"大我""小我"与"个我"的进取是蕴含在所有的维度中的。在现实生活中，我们的进取其实很难去区分"大我"和"小我"，因为如果努力进取只是为了"大我"，是不太现实的，而全是为了"小我"或"个我"也不符合我国的传统文化、人情世故。然而，我们的进取确实有显性和隐性的区分，这与我国文化密切相关。首先，在我国文化中讲求和谐高于冲突，崇尚"和"，即便努力进取也讲究"谦和"，自己的理想抱负未必要展示于他人，行为作风也不必大张旗鼓，如果进取过分明显，就会显得咄咄逼人。其次，我国文化中的进取是通过成人达己、成己达人的交互来实现的，表现出进取的迂回和隐匿性。再次，我国的文化不推崇墨守成规，我们也崇尚勇敢、创新，特别是在集体利益面前，更不能犹豫不决，需要有果决的胆识，这种敢为性是很明显的被展露的。最后，君子坦荡荡，一个进取的人不会刻意隐藏自己的努力，刻苦努力、战胜困难、坚持不懈的行为风格是能够很明显地被识别出来的。

（三）结论

（1）《大学生进取心问卷》是一个有较高信效度的测量工具。

（2）《大学生进取心问卷》是二阶五因素的结构。具体而言，包含隐性的进取与显性的进取。其中，前者包括合作、希望、踏实三个因素，后者包括敢为与踏实两个因素。

第五章

当代农村大学生进取心的现状

第四章编制了《大学生进取心问卷》，本章我们将使用这一测量工具对当代农村大学生的进取心进行考察，了解他们的进取心特点和现状。此外，大学生的主要任务是学习，进取的突出表现是学习认真刻苦。因此，我们也探查学习乐观、学业自我效能感以及学业成绩与当代农村大学生进取心的关系，从落在学习效果的角度，分析当代农村大学生进取心的特征和问题。

一、研究方法与程序

（一）被试

在研究者所在的西部城市的 4 所大学中发放问卷 2000 份，回收有效问卷 1639 份，问卷有效率 81.95%。在有效问卷中，农村大学生 845 人，占 51.56%；城镇大学生 794 人，占 48.44%。男生 873 份，占 53.26%；女生 766 人，占 46.74%。独生子女 971 人，占 59.24%；非独生子女 668 人，占 40.76%。童年时期有较长（三年及以上）留守经历的 782 人，占 47.71%；没有或有较短留守经历的 857 人，占 52.29%。大一、大二、大三、大四学生分别为 425 人、422 人、459 人、333 人，分别占 25.93%、25.75%、28.00%、20.32%。文科专业 498 人，占 30.38%；理科专业 579 人，占 35.32%；工科专业 562 人，占 34.29%。

（二）研究工具

（1）自编《大学生进取心问卷》，采用 Likert5 点评分，1 为"完全不符合"，2 为"比较不符合"，3 为"不清楚"，4 为"比较符合"，5 为"完全符合"。在本次测试中，各维度以及内部一致性 α 系数分别为 0.81、0.83、0.79、0.76、0.75、0.85。

（2）中国人民大学调查与数据中心开展的大学生成长追踪调查项目——CSDPS 调查问卷中的自我效能感、学习乐观与学业成绩的部分。对自我效能感的测量采用了 Likert4 级量表测量，对所有变量的赋值均从低到高排列，1 为"完全不符合"，2 为"勉强符合"，3 为"比较符合"，4 为"完全符合"。对学习乐观的测量采用了 Likert5 级量表测量，对所有变量的赋值均从低到高排列，1 为"完全不符合"，2 为"比较不符合"，3 为"不清楚"，4 为"比较符合"，5 为"完全符合"。对问卷各个变量的信度和效度进行了分析，最终确定了 8 个测度项。测量题目具体内容及得分如表 5-1 所示。关于学业成绩的问题："截至目前，您的学习成绩处于班上前百分之几的位置？"该数值越大表示学业成绩越好（注：在数据处理时进行了 1-百分数的处理）。

表 5-1　自我效能感、学习乐观与学业成绩调查项目

因素	题项	内部一致性 α 系数
自我效能感（SE）	SE_1 我自信能够有效地应付任何突如其来的事	0.85
	SE_2 以我的才智，我一定能够应付意料之外的情况	
	SE_3 我能冷静地面对困难，因为我依赖自己处理问题的能力	
	SE_4 无论什么事在我身上发生，我都能够应付自如	

续表

因素	题项	内部一致性 α 系数
学业乐观 （LO）	LO$_1$我确定我能想出办法来完成最困难的功课	0.83
	LO$_2$只要我不放弃，我就能完成几乎所有的功课要求	
	LO$_3$即使功课很难，我也能学会	
	LO$_4$只要我努力，即使是最难的功课我也能完成	
学业成绩 （LA）	您的学习成绩处于班上前百分之几的位置	—

（三）问卷施测与数据处理

由 3 名心理学专业的研究生开展，一般在上课前进行测试，每人每次 50~80 人，经过 1 个月左右的多轮集体施测，共搜集到以上数据。

采用 SPSS22.0 软件对数据进行统计分析。

二、研究结果

（一）描述性统计分析

通过描述性统计分析得到结果见表 5-2。根据结果可以看出，大学生进取心均值 3.39，水平一般。同时，显性进取心的平均值高于隐性进取心，踏实维度的均值最低为 3.13。自我效能感的均值为 3.09（总分 4 分），说明大学生的平均自我效能感较高。学业乐观均值为 3.47，也处在中间水平。

大学生正处在自我同一性建立的关键期，对于自我的定位、未来的发展等都不明确。此时，通过正确的价值引导与树立理想信念，教育引导他们找到自己的人生方向，真正实现跟随理想目标的进取，而不是在盲目内耗的"卷"以及"卷"累之后的"躺平"间徘徊。

表5-2　现状调查描述性统计分析结果

变量	*M*	*SD*
进取心	3.39	1.06
显性进取心	3.53	1.08
隐性进取心	3.28	1.16
希望	3.46	0.98
合作	3.61	0.84
敢为	3.21	0.89
坚韧	3.35	1.04
踏实	3.13	0.75
自我效能感	3.09	1.05
学业乐观	3.47	1.18
学业成绩	0.49	0.25

（二）农村大学生与城镇大学生进取心的比较

通过对农村大学生和城镇大学生得分进行 *t* 检验，得到农村大学生显性进取心低于城镇大学生，而隐性进取心高于城镇大学生的结果。同时，在希望和敢为两个维度，农村大学生显著低于城镇大学生，踏实维度显著高于城镇大学生。最后，在自我效能感、学业乐观和学业成绩三方面，农村大学生显著低于城镇大学生（见表5-3）。

从结果可以看出，农村大学生的进取心表现偏内隐，默默努力，踏实地追求进步。农村大学生的希望和敢为水平较城镇大学生更低，一方面是因为农村大学生物质条件不及城镇大学生；另一方面是因为在成长过程中，农村孩子受教育和环境影响讲求谦让和内敛，但也让他们不太自信去表达自己的需求、探索自己的天赋，表现出不自信和怕失败。农村大学生由于过往的学习经历与城镇学生相比更单调，见识面更窄，自学能力较城镇大学生可能不足，因此学业上的表现不如城镇大学生，这也让他们更加不自信，表现出较城镇大学生更低的学业乐观。此外，由于农村大学生接触的世面较城镇大学生更窄，于是在社会技能方面更显欠缺，也因此可能缺乏较好的人际关系与社会支持，导致他们缺乏情感支持，坚韧性与社会支持密切相关，心理复原力其中一个维度就是社会支持，因此缺乏社会支持，无处宣泄自己的压力，只能默默承受，这也会影响他们的自信心与进取的动力。

表5-3 农村与城镇大学生进取心的差异检验结果

变量	农村大学生 $M \pm SD$	城镇大学生 $M \pm SD$	t
进取心	3.36±0.93	3.41±1.02	−0.263
显性的进取心	2.89±0.76	3.78±0.98	−3.672***
隐性的进取心	3.63±1.01	3.02±0.75	2.367**
希望	2.81±0.95	3.54±1.12	−3.212***
合作	3.35±1.13	3.69±0.76	−0.578
坚韧	3.32±1.05	3.18±1.21	−0.625
敢为	2.75±0.89	3.46±0.91	−2.896**
踏实	3.45±0.92	3.01±1.13	1.891*
自我效能感	2.01+0.98	3.19±0.56	−2.101*
学业乐观	3.02±1.21	3.53±0.76	−2.012*
学业成绩	0.43±0.035	0.51±0.31	−1.432*

注：*表示 $p<0.05$，**表示 $p<0.01$，***表示 $p<0.001$，下同。

（三）有无留守经历的大学生进取心的比较

通过对有较长时间留守经历与有较短时间或无留守经历的大学生得分进行 t 检验，得到两者在进取心上没有显著差异。但在希望维度上，有较长时间留守经历的大学生显著低于有较短时间或无留守经历的大学生。此外，在自我效能感方面，前者也显著低于后者（见表5-4）。

表5-4 有无留守经历的大学生进取心差异检验结果

变量	有较长时间留守经历 $M\pm SD$	有较短时间或无留守经历 $M\pm SD$	t
进取心	3.38±0.93	3.43±1.01	-0.187
显性的进取心	3.49±0.86	3.60±0.96	-0.172
隐性的进取心	3.31±1.01	3.28±0.75	-0.231
希望	2.71±1.02	3.57±0.93	-3.412***
合作	3.35±1.12	3.58±0.86	-0.571
坚韧	3.42±1.01	3.47±1.03	-0.325
敢为	3.35±0.89	3.41±0.91	-0.896
踏实	3.25±0.92	3.21±1.13	0.591
自我效能感	2.03+0.91	3.17±0.93	-3.101***
学业乐观	3.39±1.21	3.48±0.76	-1.002
学业成绩	0.48±0.035	0.51±0.31	-0.622

　　有研究表明，童年时期的留守经历会给人带来心灵的创伤。成长后，容易出现焦虑、缺乏安全感、情绪调节能力较弱或情感淡漠、自卑等心理健康问题。[①] 然而本研究却仅发现有较长留守经历的大学生主要是自我效能感以及对未来的希望相对偏低，这可能是因为留守经历带来的安全感相对缺失和缺乏自信造成的。但是留守经历并没有显著影响大学生进取心水平及其在其他维度上的表现。因此，留守经历虽然会对小孩产生一些不利影响，但是过分强调留守经历的危害或许会增加"贴标签"效应。

[①] 谢其利，宛蓉，张睿，等. 歧视知觉与农村贫困大学生孤独感：核心自我评价、朋友支持的中介作用 [J]. 心理发展与教育，2016，32（5）：614-622.

（四）不同性别大学生的进取心比较

通过对男女大学生得分进行 t 检验发现，男女大学生在进取心及各维度上没有显著差异，在自我效能感、学业乐观与学业成绩方面也没有显著差异。这表明，男女大学生的进取心水平、自我效能感学业乐观水平相当，男女大学生的学业成绩表现也没有差异。

表 5-5　不同性别大学生进取心的差异检验结果

变量	女 $M \pm SD$	男 $M \pm SD$	t
进取心	3.41±1.01	3.38±1.03	−0.045
显性的进取心	3.48±0.98	3.54±0.94	−0.102
隐性的进取心	3.32±1.03	3.25±1.04	0.098
希望	3.46±0.98	3.47±1.02	−0.032
合作	3.75±0.97	3.66±1.01	0.053
坚韧	3.19±1.01	3.24±0.93	0.046
敢为	3.28±0.93	3.36±1.04	0.075
踏实	3.15±0.95	3.04±1.03	0.103
自我效能感	3.02±1.02	3.11±0.93	0.077
学业乐观	3.48±0.93	3.46±0.95	0.013
学业成绩	0.52±0.21	0.49±0.12	0.085

（五）不同年级大学生的进取心比较

通过对不同年级大学生数据进行方差分析发现，大三时期大学生的进取心显著高于大二时期的大学生。同时，大三、大四大学生的自我效能感显著高于大一新生。这可能是因为大一新生对环境还需要适应，同时也对新环境有所期待，所以进取心并不是处在四年中最高的水平。大二时期，大学生会经历一段时间的迷茫，这个年级的很多大学生会

"发现自己努力之后未必会有回报",大一时的新鲜感已过去,但也发现自己似乎并没有适应大学的生活。并且,大二专业课开始增加,学业压力更大,于是这一时期容易焦虑和产生放弃或"躺平"的想法,进取心偏低。大三时期经历了大二的磨砺,目标渐渐开始清晰,比如,要开始面对考研、保研、考公等各方面的准备,开始更自觉地规划未来的学习和生活,于是大三时期进取心是四年中最高的。进入大四时期之后,保研的同学已经确定,大四上学期就开始秋招,期末就开始考研,基本上挺过了最辛苦的时刻,进入最后冲刺。因此,进取水平又有所下降。但由于经历了四年的大学学习和成长,能力各方面得到了锻炼和增强,在自我效能感方面显著高于大一的学生,尽管进取心没有显著差异。因此,进一步说明,进取心的提升需要目标和信念的支撑。

表5-6　不同年级大学生进取心的差异检验结果

变量	大一	大二	大三	大四	F	LSD
进取心	3.35	3.23	3.58	3.41	2.231*	大二<大三
显性的进取心	3.51	3.45	3.63	3.57	2.019	
隐性的进取心	3.16	3.13	3.26	3.32	1.583	
希望	3.47	3.22	3.53	3.38	3.875**	大二<大三、大一
合作	3.40	3.47	3.46	3.48	0.351	
坚韧	3.23	3.15	3.31	3.25	0.863	
敢为	3.33	3.35	3.39	3.43	0.352	
踏实	3.09	3.15	3.20	3.23	1.231	
自我效能感	2.81	3.02	3.33	3.26	3.639**	大一<大三、大四
学业乐观	3.35	3.32	3.48	3.45	1.621	
学业成绩	0.49	0.51	0.47	0.50	0.036	

（六）进取心、自我效能感、乐观与学业成绩的关系

1. 进取心、自我效能感、乐观与学业成绩的相关分析

对进取心、自我效能感、乐观与学业成绩进行皮尔逊相关分析（见表5-7），得到进取心与后三个变量均显著正相关，希望与自我效能感和学业乐观显著正相关，坚韧与自我效能感、学业乐观和学业成绩显著正相关，踏实与学业成绩显著正相关，合作和敢为与自我效能感显著正相关，自我效能感、学业乐观与学业成绩分别两两显著正相关。以往研究表明，自我效能感、学业乐观与学业成绩三者密切相关，并验证了学业乐观在三者关系中的中介作用。① 而我们的研究结果进一步发现，进取心越强的大学生自我效能感越高、对学业越乐观，学习成绩也更好；同时，结果暗示，进取心维度中的希望与坚韧也分别起了作用。其中，希望与自我效能感和乐观显著正相关，说明希望水平高的大学生更加乐观和自信，而乐观与自信是非常重要的心理资本，只有对未来充满希望和拥有乐观的态度，才能使个体有进取的动力；而坚韧的个体由于有克服困难的意志，相信自己能够克服困难，并能排除万难实现目标，进而有更好的表现，取得更好的成绩。这进一步证明了大学生进取心的双驱力结构，希望信念的拉力和坚韧拼搏奋斗的推力。

为了解农村大学生和城镇大学生各变量的相关关系，本书又分别针对两个组别，对进取心、自我效能感、学业乐观与学业成绩进行皮尔逊相关分析，结果见表5-8。

---

① 童星，缪建东. 自我效能感与大学生学业成绩的关系：学习乐观的中介作用 [J]. 高教探索，2019（3）：16-21.

表 5-7 进取心、自我效能感、乐观与学业成绩的相关矩阵

	进取心	希望	合作	坚韧	敢为	踏实	自我效能感	学业乐观	学业成绩
进取心	1								
希望	0.854***	1							
合作	0.803***	0.712***	1						
坚韧	0.819***	0.729***	0.629***	1					
敢为	0.732***	0.637***	0.613***	0.624***	1				
踏实	0.683***	0.615***	0.682***	0.712***	0.609***	1			
自我效能感	0.229**	0.212**	0.122*	0.241**	0.211**	0.112	1		
学业乐观	0.293**	0.236**	0.105	0.198**	0.114	0.106	0.452***	1	
学业成绩	0.179**	0.102	0.092	0.183**	0.082	0.185**	0.389***	0.357***	1

　　两组大学生的共同点：进取心与自我效能感、学业乐观与学业成绩均两两显著正相关，坚韧与自我效能感、学业乐观以及学业成绩均两两显著正相关。两组大学生的不同点：农村大学生希望与自我效能感、学业乐观以及学业成绩相关不显著，而城镇大学生希望与学业乐观、自我效能感和学业成绩显著正相关；农村大学生踏实与自我效能感和学业成绩显著正相关，城镇大学生敢为与自我效能感显著正相关；农村大学生的合作维度与自我效能感、学业乐观以及学业成绩相关不显著，而城镇大学生的合作维度与自我效能感和学业成绩显著正相关。结合通过 t 检验得出的农村大学生的进取心表现偏隐性的结果，我们可以认为，农村大学生主要是通过隐性的方式（坚韧和踏实）进取；而城镇大学生的显性进取心表现更明显，具体而言，希望水平更高，更敢于尝试，更愿意分享并更擅长以合作的方式共同进步。

表 5-8　乡村/城镇大学生不同组别进取心、自我效能感、

乐观与学业成绩的相关矩阵

变量	进取心	希望	合作	坚韧	敢为	踏实	自我效能感	学业乐观	学业成绩
进取心	1	0.754***	0.723***	0.832***	0.653***	0.823***	0.189**	0.165**	0.183**
希望	0.831***	1	0.626***	0.638***	0.512***	0.628***	0.093	0.102	0.075
合作	0.783***	0.722***	1	0.732***	0.584***	0.718***	0.091	0.075	0.104
坚韧	0.806***	0.715***	0.609***	1	0.612***	0.843**	0.196**	0.218**	0.234**
敢为	0.812***	0.654***	0.615***	0.624***	1	0.598***	0.087	0.075	0.056
踏实	0.613***	0.612***	0.682***	0.652***	0.598***	1	0.185**	0.109	0.253**
自我效能感	0.245**	0.212**	0.122*	0.221**	0.211**	0.121**	1	0.325***	0.364**
学业乐观	0.231**	0.236**	0.105	0.187**	0.106	0.106	0.421***	1	0.231**
学业成绩	0.181**	0.172**	0.119*	0.211**	0.072	0.109**	0.434***	0.389***	1

注：上三角为农村大学生，下三角为城镇大学生。

2. 学业乐观与自我效能感在进取心与学业成绩中的中介作用

根据相关分析发现，进取心、自我效能感、学业乐观与学业成绩两两存在显著正相关关系。同时，根据进取心的双驱力结构，既有信念的拉力又有拼搏的推力，在以往研究中，乐观与希望密切相关[1]，而心理复原力与自我效能感相关显著，心理复原力是战胜困难的一种意志品质的表现[2]，学业乐观在自我效能感与学业成绩中的中介效应显著[3]，因此本书进一步检验学业乐观与自我效能感在进取心与学业成绩中的中介作用。

[1]　周宵，伍新春，王文超．青少年的乐观与创伤后成长的关系：希望与反刍的中介作用 [J]．心理发展与教育，2017，33（3）：328-336.

[2]　雷鸣，戴艳，张庆林．不同复原类型贫困大学生人格的差异分析 [J]．心理学探新，2010，30（4）：86-90.

[3]　童星，缪建东．自我效能感与大学生学业成绩的关系：学习乐观的中介作用 [J]．高教探索，2019（3）：16-21.

根据温忠麟和叶宝娟①关于中介的分析流程，采用 Hayes② 开发的 Process 插件中的链式中介作用模型（Model6），检验学业乐观与自我效能感在进取与学业成绩中的中介作用显著性，结果中介效应显著，具体关系及各变量路径系数见图 5-1。

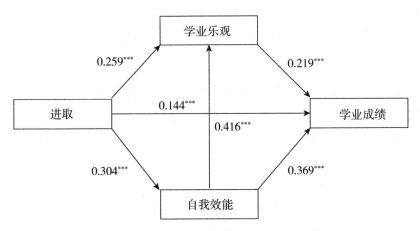

图 5-1　链式中介作用模型

研究结果表明，进取心能够通过学业乐观正向预测学业成绩，其中进取心对学业乐观的正向预测显著（$\beta=0.259$，$p<0.001$），学业乐观对学业成绩正向预测显著（$\beta=0.219$，$p<0.001$）；也可以通过自我效能感正向预测学业成绩，其中，进取心对自我效能感正向预测显著（$\beta=0.304$，$p<0.001$），自我效能感对学业成绩正向预测显著（$\beta=0.369$，$p<0.001$）；还可以通过自我效能感和学业乐观的链式中介正向预测学业成绩，除去已提到的进取心能正向预测自我效能感，学业乐观能正向预测学业成绩，自我效能感对学业乐观正向预测显著（$\beta=0.416$，$p<$

①　温忠麟，叶宝娟. 中介效应分析：方法和模型发展［J］. 心理科学进展，2014，22（5）：731-745.

②　Hayes A. Introduction to Mediation，Moderation，and Conditional Process Analysis ［J］. Journal of Educational Measurement，2013，51（3）：335-337.

0.001）。自我效能与乐观是心理资本中的重要因素，根据我们的研究结果表明，进取心强的大学生有更高的自我效能感与学业乐观水平，心理资本是一种自我的赋能，使个体有更强的动力与实现目标应对困难，在我们的研究中就表现为有更高的学业成绩。这进一步证实了我们研究得出的进取心的双驱力模型，也暗示了进取心培养中赋能的重要性。根据双驱力模型，赋能包括两方面：一是信念和希望的灌输与引导，二是拼搏奋斗意志力的培养和塑造。

采用偏差校正的非参数 Bootstrap 法对中介效应进行检验，设置重复抽取 5000 次，95% 置信区间，当中介效应的 Bootstrap 置信区间不包含零时，则说明中介成立，进一步证实了链式中介模型，结果见表5–9。

表 5–9　中介模型效应检验

路径	效应值	95% 置信区间		占总效应比
		Boot CI 上限	*Boot CI* 下限	
进取心—学业乐观—学业成绩	0.069	0.042	0.082	17.34%
进取心—自我效能感—学业成绩	0.092	0.078	0.101	23.12%
进取心—自我效能感—乐观—学业成绩	0.093	0.081	0.104	23.37%
总间接效应	0.254	0.231	0.269	63.82%
直接效应	0.144	0.133	0.156	36.18%
总效应	0.398			

3. 有调节的中介效应检验

根据之前农村和城镇大学生各自不同变量的皮尔逊相关分析得到，农村大学生与城镇大学生在不同变量上的相关表现是不同的。同时，在比较分析中发现，农村大学生与城镇大学生在希望、敢为、踏实等维度存在显著差异，农村大学生较城镇大学生更加内敛地表现进取心，因此，推测出不同生源地（农村或城镇）会对模型产生调节作用，检验模型有调节的中介效应。

采用 SPSS 软件插件 Process 的模型 14 来进行模型检验，该模型假设中介效应的前半段受到调节。控制性别、年级、专业、是否为独生子女、有无留守经历五个变量的情况下，将大学生进取心作为自变量，来自城镇或农村作为调节变量，学业乐观和自我效能感作为中介变量，构建一个有调节的中介变量模型，具体检验结果见图 5-2。

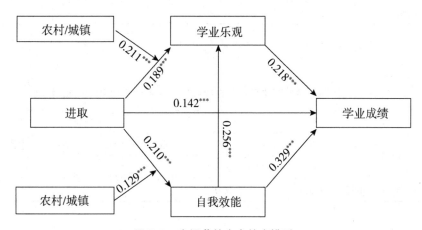

图 5-2　有调节的中介效应模型

结果表明，不同生源地与学业乐观的交互效应显著（*coeff* = 0.211，*p* < 0.001），以及不同生源地与自我效能感的交互效应显著（*coeff* = 0.129，*p* < 0.001），调节了模型中进取心与学业乐观以及进取心与自我效能的关系。

接下来，本研究运用 Bootstrap 法抽取 5000 个样本，保留 95% 置信区间，对有调节的中介模型进行进一步验证，结果见表 5-10、表 5-11。结果发现，城镇组在两个调节效应检验中，Bootsrap 95% 置信区间不包括零，说明对城镇大学生来说，学业乐观和自我效能感在进取心与学业成绩的中介效应显著。而农村组在两个调节效应检验中，Bootstrap 95%置信区间包括零，说明对农村大学生来说，学业乐观和自我效能感在进取心与学业成绩的中介效应不显著。结果进一步证明了农村大学生的进取心表现更为内敛，希望水平和自信心较城镇大学生更低。

表 5-10　不同生源地对进取心与学业乐观关系调节的 Bootstrap 检验

路径	性别的调节效应				判定指标			
	effect	*SE*	*LLCI*	*ULCI*	*Index*	*Boot SE*	*CI* 下限	*CI* 上限
农村	0.006	0.014	-0.004	0.012	0.057	0.021	0.042	0.088
城镇	0.063	0.016	0.041	0.098				

注：农村和城镇分别代表大学生生源地，下同。

表 5-11　不同生源地对进取心与自我效能感关系调节的 Bootstrap 检验

路径	性别的调节效应				判定指标			
	effect	*SE*	*LLCI*	*ULCI*	*Index*	*Boot SE*	*CI* 下限	*CI* 上限
农村	0.012	0.016	-0.005	0.029	0.048	0.022	0.036	0.062
城镇	0.052	0.021	0.031	0.073				

三、当代农村大学生进取心的问题分析

（一）进取心的表现偏隐性

通过问卷调查结果表明，农村大学生的隐性进取心水平显著高于城市大学生，而显性进取心显著低于城市大学生。以往研究表明，一方面，大多农村大学生，特别是农村贫困大学生受儿时家庭经济条件的局限，以及曾经落后的基础教育制约，加之落后文化的长期影响，有基础知识不扎实、兴趣不广泛、自卑心较强的特点；另一方面，内心自卑的农村大学生有较强的自尊心，渴求被他人认可与尊重。大学是他们实现由自卑向超越自卑转化的阶段，还是在此基础上实现社会化，并建立积

极自我观的一个重要阶段①。多数农村大学生通过发愤图强获得他人的认同与尊重，从而超越自卑、建立自信，逆境反而成就了他们自立自强的个性品质。尽管如此，农村大学生，特别是来自贫困家庭的农村大学生超越自卑的过程并不容易。引起这种困难的原因主要有两个：成长经历和社会环境。在克服自卑的过程中，由于不自信但又追求进取，农村大学生往往会选择隐性的方式，默默努力，当做出成就、获得更多人的认同时才慢慢变得自信。

（二）学业成绩与希望水平相对偏低

结果表明，农村大学生的希望水平显著低于城市大学生。有研究认为，贫困会因为匮乏感导致低志向，所以"扶贫先扶志"。农村大学生，特别是贫困农村大学生不仅存在着自卑心理，而且会出现一种"学业自卑"的现象。"学业自卑"易造成大学生认为自己技不如人，影响对自己能力的正确认知，遇事往往只看到自己的短处，看不到自己的长处，爱拿自己的短处与他人的长处比，觉得自己不如别人，怀疑自己的能力，影响自己能力的正确发展。

一般来说，农村大学生都有努力学习、争取成才的动机：可以通过大学教育振兴家族、"光宗耀祖"，甚至振兴家乡。另外，还有一些更高层次的动机，他们不仅是为了谋生和个人名利，而且立志要用所学知识，献身于社会、祖国和全人类。有研究者指出，需要，特别是高层次的需要，是成就农村大学生成才的原动力。他们不时在思想上、行为中构筑理想的自我，对自我在未来社会中的地位、角色、荣誉、成就、尊严等主体本质力量进行构思和设想。这种构思和设想激励着他们顽强追求、积极探究，充满激情地不断由旧我向新我、现实的自我向理想的自我努力进行创造。他们以自己的才干、能力、知识、德行等为基本操作

---

① 俞国良，金光电. 自卑与超越：农村籍青年知识分子的成才之路［J］. 青年研究，1992（12）：19-22.

工具进行创造性自我实现活动，以此获得周围人的接纳、认可和自我发展，以满足其归属需要、尊重需要和自我实现需要。

尽管大部分农村大学生都有努力拼搏的动机，但他们最后往往会对高目标或理想放弃或妥协，选择缺乏激情甚至得过且过的生活，特别是贫困农村大学生。有研究发现，贫困大学生与非贫困生在就业价值判断上没有显著差异，但在就业行为取向上两个群体还是存在一定的差异，具体表现：（1）贫困大学生考研比例明显低于非贫困大学生，而找工作的比例明显高于非贫困大学生；（2）在就业地选择上，贫困大学生在大中城市的选择比例明显低于非贫困大学生；（3）在职业选择上，贫困大学生的选择倾向稳定和安全，而非兴趣与个人发展①。

农村大学生放弃理想或志向不高的原因主要有三个：自卑、经济压力、目光短浅。首先，受家庭经济条件的局限，以及曾经落后的基础教育的制约，加之落后文化的长期影响，往往基础知识不扎实、兴趣不广泛，从而产生自卑心理，认为自己的人生不可能有多高的成就，于是给自己制定平庸的目标；其次，随着近十几年来大学学费的大幅上涨和次级劳动力市场就业机会的不断增加，对那些经济并不宽裕的家庭来说，大学对他们正逐渐失去吸引力，对"成本—收益"的错误预估，以及在巨大经济的压力下，往往做出自愿或者不自愿的退出选择②；最后，我国贫困大学生往往来自世代贫困家庭，而这些家庭对人生理想、生活方式等方面的态度往往比较"现实"，如安于现状、因循守旧等使个体丧失进取精神的态度或价值观。

（三）做事踏实而敢为性不足

问卷调查结果表明，农村大学生较城市大学生更踏实，然而敢为性

---

① 郭建锋，刘启辉. 大学生就业价值观调查分析 [J]. 中国青年研究，2005（8）：76-78.

② Shi Y J, Zhang L X, MA Y, et al. Dropping Out of Rural China's Secondary Schools: A Mixed-methods Analysis [J]. China Quarterly, 2015, 224（224）：1048-1069.

却更低。我国有悠久的进取文化，创新敢为的锐利与勇气是进取的一个明显特征。《论语·子路》中就有"狂者进取，狷者有所不为也"①，《周易》中有"天行健，君子以自强不息"②，梁启超在《少年中国说》中指出，"惟进取也故日新"③。而当前农村大学生的敢为性却较城市大学生更低，我们认为主要有两方面原因。

一方面是成长经历和亲子关系。与城镇留守儿童相比，农村留守儿童面临的问题更加突出。以往研究表明，留守经历会对人际适应、情绪调节、自信心等方面影响显著，有留守经历的大学生更加敏感，缺乏安全感④。而大学生正处在自我同一性形成期，其自我认同和自信心还需要更多磨炼才能形成，还需要更多的成功和认同去稳固，所以暂时表现得缺乏敢为的勇气。

另一方面是尽管近年来随着乡村振兴，农村家庭的经济水平日益提高，但对于目前大多数农村大学生，他们的童年阶段家庭经济状况一般较城市大学生相对更低，并且教育资源也相对落后。这些经历或可能导致进入大学后，农村大学生的自信心相对更低。同时，乡村是中国传统文化保留最多的地方，有精华也有糟粕。农村大学生的踏实肯干是中国文化的精华之处，但相对来说过于讲求礼仪的繁文缛节也阻碍了农村大学生的敢为和创造性。而曾经的相对贫困经历，以及相对落后的教育资源也可能在一定程度上影响后期人格发展过程中自信心和志向的建立，从而导致敢为性偏低。

---

① 孔子，曾子，子思. 论语大学中庸·论语子路 [M]. 陈晓芬，徐儒宗，译注. 北京：中华书局，2015：150.
② 伏羲，姬昌，孔子. 周易 [M]. 杨天才，译注. 北京：中华书局，2022：1.
③ 梁启超. 少年中国说 [M]. 北京：中国画报出版社，2016：1.
④ 谢其利，宛蓉，张睿，等. 歧视知觉与农村贫困大学生孤独感：核心自我评价、朋友支持的中介作用 [J]. 心理发展与教育，2016，32 (5)：614-622.

四、提升农村大学生进取心的相关措施

根据前文分析，农村大学生也是进取的，但是由于成长经历和社会环境的影响，他们过于内敛、比较自卑。虽然如此，他们仍然追求优越，并在进取的时候常常采用内隐的方式，做事踏实，默默努力。但他们的希望和敢为水平偏低，这将导致他们在面对困难的时候容易退缩，长期下去甚至导致"缺志"、悲观，影响他们的成长。鉴于此，我们提出当代农村大学生进取心提升的相关措施。

（一）打破刻板印象，培育亲农村大学生的校园文化环境

根据前文分析，由于成长经历，农村大学生超越自卑需要克服更大的心理障碍，我们需要给农村大学生更多的支持和关爱，而现实情况却是，社会仍存在对"寒门子弟"固有的刻板印象，如人穷志短、能力不足、孤僻自卑等。甚至当农村大学生追求优越时，还会受到他人的冷眼和打击。校园环境影响着贫困大学生的自我观、价值观及人生志向的建立，因此，引导农村大学生心理成长，首先需要打破对他们的刻板印象，为他们培育、营造亲农村大学生的校园环境，可以从以下几方面着手。

引导校园大环境关注农村大学生的积极品质。比如，加强对优秀农村大学生先进事迹报道，邀请已取得较高成就的原农村大学生，特别是农村贫困生校友回校与学生交流等，这不仅弱化了对农村大学生的刻板印象，也能成为对农村大学生的积极暗示，即农村大学生具备很多优秀的品质，并且是可以成才、成功的，从而帮助农村大学生减少歧视知觉，提升农村大学生的自信心。

为农村大学生提供更多参与大学生活与能力发展的机会。比如，为农村大学生推荐，甚至搭建适合他们能力发挥与发展的平台（如社团、协会、勤工俭学岗位等），加强农村大学生对校园生活的融入度，帮助贫困大学生提升个人潜能与心理品质，同时也使其他群体对农村大学生

的认同感得到增强。

营造团结互助的集体环境。比如，开展高品位的集体活动，鼓励与贫困大学生的交流沟通。此外，教师也要在教学、管理、服务工作中，以健康完善的人格和高尚的师德去教育感染学生，使他们感受到来自教师的关爱和信任。

（二）开展理想信念教育，踏上充满希望、进取的人生

针对农村大学生志向方面的心理矛盾，需要开展农村大学生理想教育，帮助他们树立远大的人生目标，主要从以下几方面开展。

扩展农村大学生树立目标的眼界。引导农村大学生不要对远大的目标妥协，让他们明白，虽然在现实社会中，许多人选择名利、地位作为自己的奋斗目标，但这与高尚的人生价值相比微不足道。结合国家发展，宣传国家重要会议精神，组织开展党史党建学习，充分了解共同富裕目标，了解乡村振兴政策，从而认识到自己作为农村大学生的历史使命，找到未来的发展方向和人生意义。

培养农村大学生面对诱惑的制止力及面对成绩的进取心。在培养农村大学生意志力中已提到，提高自制力的修养，能够保证我们对远大目标的追求。此外，当个人在追求目标的过程中，过早安于现状，也会导致放弃远大目标。幸福与进取是密切相关的，只有进取的人才能真正地幸福。

（三）开展自信心辅导，形成积极自我观

建立亲农村大学生的校园环境能够帮助农村大学生建立自信，超越自卑。此外，农村大学生自信心建立也离不开农村大学生自信心教育与辅导，从根本上转变农村大学生消极的自我观。开展农村大学生自信心辅导主要涉及两方面：引导积极自我认知，增加积极情感体验。

自我认知方面，采用合理认知疗法、归因训练等技术，指导贫困大学生全面、客观、发展地看待自己，消除绝对化、灾难化、以偏概全等非理性认知，形成正确的自我评价。

积极的情感性体验对个体具有良好的后效作用。采用人本主义心理咨询与辅导技术,无条件积极关注贫困大学生,发现其自身的"生命力",并给予其正向反馈与积极暗示,从而引导贫困大学生对自己产生积极的情感体检,进一步促进他们形成积极的自我观。

值得一提的是,开展农村大学生自信心辅导活动尽管主要是由学校心理健康服务机构开展,但离不开辅导员与教师的参与。教育的功能是让每个学生都能平等地享有积极的情感性体验。如果一个学生长期难以享有积极情感性体验,则可能导致自我否定,甚至自暴自弃。因此,也需要教师为贫困大学生特别是学习困难的贫困大学生创造成功机会,激励他们不断进步,帮助其建立自信。

(四)加强意志品质培养,提升拼搏奋斗精神

针对农村大学生在价值观方面的矛盾心理,需要引导他们理性与辩证地看待贫困和挫折,同时加强他们意志品质的培养。前者是后者的基础,因为对贫困与挫折的理性认知是激发和督促贫困大学生克服困难、积极进取的重要因素;后者则会强化前者的认识,因为意志品质的锻炼,能够帮助贫困生提升耐受力、能力和自尊,进而强化其对挫折的理性认知,主要关注以下四方面的培养与引导。①

引导农村大学生辩证地看待挫折。引导农村大学生看到过往人生不如意和挫折经历的积极作用。让他们关注挫折可以让他们成长的积极作用;让他们相信自己既然能够进入高校,就有能力战胜挫折,实现自己的人生理想;让他们明白,被挫折打倒的人多半是对挫折缺乏正确的认识,把挫折视为不幸和灾难,面对挫折仍敢于冒险的人才有机会获得更好的回报。

引导学生正确地看待物质与财富。研究表明,人生中最可贵的财富

---

① 黄希庭,李继波,刘杰. 城市幸福指数之思考 [J]. 西南大学学报(社会科学版),2012,38(5):83-91.

有 12 种，依次为积极的精神态度、良好的体格、和谐的人际关系、摆脱恐惧、未来成功的希望、信念的容量、与人分享幸福的愿望、热爱自己的工作、开放的胸怀、严于自律、理解他人的能力、经济保障能力。在这 12 种财富中，被大多数人最看重的经济保障能力（金钱）排在最后一位。①

　　培养农村大学生面对困难的坚韧性，表现为不怕困难、迎难而上。教育学生学会在困难还未来临时就做好拼搏的心理准备。培养学生在面临困难时高度重视、冷静分析，把困难的事情分解为几个步骤，安排周密计划，积极解决困难的心态和能力。

　　培养贫困大学生面对选择的果断性，表现为个人能适时地采取经过深思熟虑的决定，并能坚决执行这一决定，在行动上没有任何不必要的踌躇和动摇。

　　培养农村大学生面对诱惑的自制力，表现在能够抵制各种诱惑，朝着既定目标努力进取。引导农村大学生学会控制自己的情感和欲望、节制自己的行为和掌控自己行动的能力。加强自制力的修养，能够防止农村大学生放弃远大理想，甚至走向堕落。

---

① 李开复．做最好的自己［J］．读写月报，2006（14）：38-39.

第六章

农村大学生进取心的心理干预研究

根据农村大学生进取心双驱力模型，即共同富裕信念作为拉力，拼搏奋斗精神作为推力，踏实敢为行为风格的进取模型，进取心培养需要通过分别在拉力和推力上树立信念、锻造坚韧性，并在行为上塑造进取、踏实敢为的行为风格。结合第五章对农村大学生进取心的现状研究，当前农村大学生进取心的主要问题在于：进取表现偏内隐，显性进取心偏低；希望水平较低；做事踏实但敢为性低。针对这三点问题，结合进取心的动力机制，提出进取心心理干预的方案，再通过实验法验证方案的有效性，最后对研究结果进行讨论并总结出对农村大学生进取心心理辅导的建议。

一、干预方法的选择

（一）提升希望：有信念的生涯规划团辅

希望是一种积极的动机性状态，以追求成功的路径和动力交互作用为基础。[①] 在我们的研究中，《大学生进取心问卷》的希望维度主要包括对"大我""小我"和"个我"三方面美好生活的期许和目标。目

[①] 刘孟超，黄希庭. 希望：心理学的研究述评 [J]. 心理科学进展，2013，21（3）：548-560.

104

标是其希望理论的核心概念。Snyder[①] 假设，人类的行为，包括日常生活中的普通活动，都是有一定目标的，这是人们精神活动的支点。[②] 大学是树立人生志向的关键时期，把自己的人生志向与社会需求、国家发展相匹配，并有去实现目标的动力非常重要。在以往的研究中，农村大学生存在志向短浅的情况，这与其过往的人生经历和物质条件有关。[③]

因此，帮助农村大学生提升希望，可以借助生涯规划的心理团辅方法，同时在树立目标的过程中潜移默化地融入理想信念进行引导。比如，在设置目标时，让同学们讨论如何让自己的目标融入自己的热爱、天赋、能力，强调我们每个人都有追求美好生活的权利和能力，要努力追求进步，并同时与国家发展、社会需求、家庭和谐、个人发展协调起来。此外，有意识地去强化"信念"这个词，通过积极暗示的方法，为同学赋能并认识到自己在家人、社会、国家中的重要性、责任感和使命感，认识到自己是实现全体人民共同富裕、实现中华民族伟大复兴中的一员。

通过有信念的生涯规划团辅，帮助农村大学生整理自己的人生志向与目标，形成较为清晰的人生理想与实现理想的路径，从而认识到自己的人生价值与意义，并对未来充满希望，从而带动自己走上有理想、有希望的进取之路。

（二）提升坚韧性：冥想与乐观思维团辅

大学生进取心的坚韧维度主要表现在两方面：在压力情况下仍能够专注的能力，在遭遇挫折后能够快速战胜困难调整情绪的能力。

① Snyder C R. Hope Theory：Rainbows in the Mind ［J］. Psychological Inquiry，2002，13（4）：249-275.
② 张青方，郑日昌. 希望理论：一个新的心理发展视角 ［J］. 中国心理卫生杂志，2002（6）：430-433.
③ Shi Y J，Zhang L X，MA Y，et al. Dropping Out of Rural China's Secondary Schools：A Mixed-methods Analysis ［J］. China Quarterly，2015，224（224）：1048-1069.

首先作为一种意志品质，坚韧性表现的是与困难对抗的能力。然而，实验表明，人们往往在放松而专注的情况下，克服焦虑、提升效率、战胜困难的效果更佳。① 减少压力、提升专注的一个非常有效的方法是冥想，并得到了实验证实。②

其次，"人生不如意十之八九"，面对挫折的态度会影响战胜困难的能力。积极心理学的研究表明，乐观的关键在于人们对事情原因的看法。每个人都有对原因的习惯性看法，Martin Seligman 称为"解释风格"。人在解释为什么某一件事会发生在自己身上时，会考虑三个重要维度：永久性、普遍性、个人化。当坏事发生时，悲观的人会认为：坏事情发生在他身上的原因是永久存在的，这个原因可以影响到生活中许多其他方面，是一个全局性的原因，会习惯性地怪罪和抱怨自己。相反，乐观的人则相信导致坏事发生的原因是暂时的，仅仅在局部有有限的影响，不会习惯性地怪罪自己。他通过著名"习得性无助"的实验，证明了抑郁也是学习而来的。然而，一个机缘使他的研究由抑郁转向了乐观。③ Seligman 于是提出了"习得乐观"的概念，坚信乐观也是可以通过归因风格的转变习得的。④ 习得乐观从"非负面"思维的力量中而来。对不切实际的解释最有效的挑战工具就是自我反驳，并提出有效反驳的四大基石：搜集证据、做出选择、化解灾难、开发反攻计划。要消除悲观，必须将自己对自身的看法视为可质疑的目标，不要盲目接受对

---

① 凯利·麦格尼格尔. 自控力：斯坦福大学广受欢迎的心理学课程 [M]. 王岑卉，译. 北京：北京联合出版有限公司，2021：25.

② Hoge E A，Bui E，Mete M，et al. Mindfulness-based Stress Reduction vs Escitalopram for the Treatment of Adults With Anxiety Disorders：A Randomized Clinical trial [J]. Jama Psychiatry，2023，80（1）：13-21.

③ 任俊. 积极心理学 [M]. 上海：上海教育出版社，2006：189-190.

④ Snyder C R. Hope Theory：Rainbows in the Mind [J]. Psychological Inquiry，2002，13（4）：249-275.

自身的看法，如果发现自己的灾难化思维，就要改变看法。①

综上所述，可以通过冥想与乐观思维团辅来提升农村大学生压力情境下的专注力和面对困难时的积极态度，从而提升农村大学生的坚韧性。

（三）提升敢为性：表达性艺术疗法

积极心理学视野下表达性艺术治疗是一种团队心理咨询模式，将音乐、绘画、书法、诗歌、舞蹈、戏剧、民俗等一系列形式应用到患者的心理干预中，在追求美的同时发挥表达性艺术，以治疗的多元化功能唤醒团队成员的无意识，激发原始动力，基于成员之间的动力传递以及能量渗透，赋予艺术元素以特殊的心理意义，有效整合心理资源，拓展心理空间，达到心灵成长的目的。②③ 实证研究表明，表达性艺术治疗团辅不仅具有疗愈性④，还有发展性，比如，提升自我效能感、主观幸福感⑤，甚至能提升创造性、开放性与体验性。⑥

大学生进取心维度中的敢为性主要表现为敢于尝试、热爱生活、善于创新等方面的能力，这一点能与表达性艺术治疗的效果有效对应，因此，我们采取表达性艺术治疗团辅的方法来提升农村大学生的敢为性水平。

---

① 马丁·塞利格曼，卡伦·莱维奇，莉萨·杰科克斯，等. 教出乐观的孩子［M］. 杭州：浙江人民出版社，2013：158-163.

② Diamond S, LEV-Wiesel R. The Title "Therapy" and What Do You Do With It As A Child? Recollections of Being in Child Expressive Arts Group Therapy［J］. Clinical Child Psychology & Psychiatry, 2017, 22（1）：152-164.

③ 章学云. 表达性艺术治疗研究综述［J］. 上海教育科研，2018（2）：78-81.

④ 龚凯韵. 表达性艺术治疗的疗愈和实践应用［J］. 大众心理学，2022（1）：6-9.

⑤ 武瑾，徐珍珍，张亚迪，等. 积极心理学视野下表达性艺术治疗对慢阻肺患者自我效能及心理韧性的影响［J］. 江苏预防医学，2020，31（5）：594-597.

⑥ 严文华. 表达性艺术治疗的多样性、体验性和创造性［J］. 大众心理学，2022（1）：9.

（四）整合方案

将以上干预方法进行整理，最后在与有 10 年心理团辅经验的心理老师的讨论下得到初步妨碍。对方案进行两次实操后，进行了修改，最后得到农村大学生进取心团体心理辅导方案（见表6-1）。

表6-1　农村大学生进取心团体心理辅导方案

农村大学生进取心团体心理辅导方案

一、活动目标

提升通过正念冥想、表达性艺术治疗、乐观思维与有信念的生涯规划的相关团体活动，提升农村大学生的进取心。

二、活动流程

（一）招募团辅成员

通过海报的方式在校内召集希望提升自信心与进取心的 20 名农村大学生。男女不限，专业不限。

（二）开展团辅

由心理老师带两名研究生助理连续开展 6 周心理团辅（每周一次，每次 90 分钟）具体安排如下。

周数	活动主题/目的	具体活动开展
第一周	"很高兴认识你"目的：暖场，认识彼此	1. 引入：自我介绍，活动介绍 2. 暖场活动：舞动放松 3. 正式认识：两两配合舞动+活动分享 4. 总结
第二周	"我喜欢我自己"目的：发现并改变悲观思维，建立乐观思维	1. 暖场活动：呼吸冥想 2. 上期回顾 3. 正式活动：为自己辩论 4. 分享+总结 5. 作业：每天记录 3 件开心的或值得感恩的事情，之后每天都是
第三周	"自我心灵涂鸦"目的：通过表达性绘画技术，引发学员潜在的表达性，提升自信、体验与开放性	1. 暖场活动：身体扫描 2. 上期回顾 3. 正式活动：心灵涂鸦 两两一组，在咨询师的引导下，互相配合建立安全的团队关系，并为彼此绘制头形轮廓，在咨询师的引导下，顺应自己的感受进行作画 4. 分享+总结

续表

周数	活动主题/目的	具体活动开展
第四周	"探索我的理想"目的：通过表达性艺术的方式，潜移默化地移入理想信念取向，帮助学员思考并建立平衡"大我""小我""个我"的理想	1. 暖场活动：数息冥想 2. 上期回顾 3. 正式活动：我的祖国、我的家乡通过爱国、爱家乡歌曲、短视频启发与图片唤起积极情绪，表达和分享人生故事，引导学员思考自己的理想 4. 总结+布置作业：探索我的理想
第五周	"我的彩虹人生"目的：通过生涯规划彩虹图理论，绘制自己的人生彩虹。帮助学员进一步明晰自己各个阶段的人生目标	1. 暖场活动：身体扫描 2. 上期回顾 3. 正式活动：生涯规划彩虹图的绘制 4. 分享+总结 5. 布置作业：再一次思考自己的生涯彩虹
第六周	"天下没有不散的筵席"目的：活动进一步整理和升华	1. 暖场活动：数息冥想 2. 整体活动的回顾：视频短片引入 3. 分享活动感受 4. 写下誓言+相互祝愿 5. 总结+宣布活动结束

二、心理干预实验研究

（一）被试

用海报的方式在校内召集希望提升自信心与进取心的 20 名农村大学生。其中，男生 8 名，女生 12 名。大一学生 8 名，大二学生 7 名，大三学生 5 名，没有大四的学生参加。

（二）研究工具

自编《大学生进取心问卷》，在本研究中，问卷总体及希望、坚韧、敢为、合作、踏实五个维度的内部一致性系数分别为 0.879、0.832、0.815、0.803、0.792、0.785。

（三）实验流程

对 20 名被试根据如表 6-1 所示的方案进行为期 6 周的心理干预团辅，并分别在团辅前和团辅后填写《大学生进取心问卷》。

对所得的数据通过 SPSS22.0 软件进行统计分析，验证心理干预对于提升农村大学生进取心的有效性。

（四）研究结果

对前后测得数据进行 t 检验发现，通过心理团体辅导后，被试进取心及其所有维度都显著提升，即使我们的实验并没有针对干预的踏实维度和隐性进取心（见表 6-2）。因为显性进取心和隐性进取心不是相互拮抗，而是相互促进的。显性进取心提升，即希望、敢为、合作的提升能够为个体提供拉的力量（希望）和社会支持（合作），同时敢为的行为风格也能提升个体的果敢进而提升意志力，能让个体在内隐层面的进取心中获得更多的力量。反之，隐性的进取心由于坚韧和踏实作为一种意志品质，能够提供推力，也会带动显性进取心的提升。

由此可见，这与农村大学生进取心的双驱力模型是匹配的。同时也说明，提升进取心的关键是这两股力量，在维度上的体现分别是希望和坚韧。

表 6-2　心理干预实验前后测进取心的差异分析

变量	前测 $M \pm SD$	后测 $M \pm SD$	t
进取心	3.36±0.92	3.61±0.92	−1.324*
显性的进取心	3.01±0.82	3.68±0.98	−3.172***
隐性的进取心	3.53±0.91	3.78±0.75	−1.120*
希望	2.96±0.98	3.87±1.12	−3.212***
合作	3.25±1.13	3.82±0.76	−2.987***

续表

变量	前测 $M\pm SD$	后测 $M\pm SD$	t
坚韧	3.42±1.01	3.89±1.21	−2.625＊＊
敢为	2.75±0.89	3.57±0.82	−2.896＊＊＊
踏实	3.45±0.92	3.71±1.13	−1.891＊＊

三、对农村大学生进取心心理辅导的建议

（一）培养进取心的两个关键点：希望与坚韧

通过干预实验，进一步证实进取心的双驱力模型。进取可以分为达成人生目标，比如，人生目标很有价值不为名利所羁绊直至人生目标有价值却完全服务于名利的种种人生境界的人生目标；排除万难、一心一意、勇往直前的坚韧性；在行为上的敢想敢干、踏实刻苦的作风。

然而，在双驱力模型中，最重要的还是拉力和推力这两股力量。前者即希望，为进取设置了方向，没有方向和目标，人就会迷茫；方向错误，人就容易走向歧途。只有与时代和国家发展方向相一致，建立与国家、社会、自我相协调的目标甚至理想信念，才能走向正确的且导向幸福的人生道路，成为幸福的进取者。后者即坚韧。"人生不如意十之八九"，并且除了困难、挫折，还有诱惑，甚至有需要推倒重来的可能，以及顶住压力奋力拼搏的需要。在实现人生理想的进取之路上，必然需要钢铁般的意志力，推动个体勇往直前、开拓进取。

（二）提升希望的关键：树立信念

Snyder 等①②将希望定义为"一种积极的动机性状态，这种状态是

---

① Snyder C R. Hope Theory：Rainbows in the Mind［J］. Psychological Inquiry，2002，13（4）：249-275.

② Snyder C R，Berg C，Woodward J T，et al. Hope Against the Cold：Individual Differences in Trait Hope and Acute Pain Tolerance on the Cold pressor task［J］. Journal of personality，2005，73（2）：287-312.

以追求成功的路径（指向目标的计划）和动力（指向目标的活力）交互作用为基础的"，这是一种认知取向的观点，其中包括三个最主要的成分：目标（Goals）、路径思维（Pathways Thoughts）和动力思维（Agency Thoughts）。而 Marcel① 将希望看成个人"身陷囹圄"时的一种情感性质的应对方式，这是一种情感取向的观点。当代心理学比较认可希望中认知成分与情绪成分并存的观点。②

作为当代大学生进取心的一个维度，希望是指对未来美好生活的期许及其终能实现的信念。有进取心的人对目标充满希望，这是一种持久的实现期望、愿望或目标的信念。信念包含了认知和情感两种成分。在进取心培养的干预实验中，提升希望选取的方案是"有信念的生涯规划"。其中，生涯规划主要是厘清目标以及实现目标的路径，而信念是树立目标的依据，同时又为实现目标提供情感支持。

在对农村大学生进取心的结构研究中，希望包括三个初级主题：实现共同富裕，实现个人价值，生活和谐美好社会，包含了"大我""小我""个我"，中国人对自己人（家庭、集体、国家）有较高的依赖③，他人的支持、集体和国家的认可，能增强个人的信心。自信在相信社会支持和社会环境层面上，以社会心理或文化表达④，社会关系和社会资本在中国人事业成就上有重要价值。⑤ 中国人进取的内生力量不只是来自自己，还来自更广阔的人际，具有更强大的力量。从自信角度来看，

---

① Lopez S J, Snyder C R, Pedrotti J T. Hope：Many Definitions, Many Measures ［M］// Lopez S J, Snyder C R. Positive Psychological Assessment：A Handbook of Models and Measures. Washington, D.C.：APA, 2003.

② 任俊. 积极心理学 ［M］. 上海：上海教育出版, 2006：189-190.

③ 王登峰, 崔红. 心理社会行为的中西方差异："性善—性恶文化"假设 ［J］. 西南大学学报（社会科学版）, 2008（1）：1-7.

④ 毕重增, 黄希庭. 自信心理研究中的几个问题 ［J］. 西南大学学报（社会科学版）, 2010, 36（1）：1-5.

⑤ 于海波, 郑晓明, 许春燕, 等. 大学生可就业能力与主客观就业绩效：线性与倒 U 型关系 ［J］. 心理学报, 2014, 46（6）：807-822.

进取心是尽力发挥"自己"能力追求高价值目标的一种内生动力。因此，"个我""小我"层次的希望需要与"大我"层次的希望相一致。这就需要通过树立信念来完成。

（三）提升坚韧性的关键：培养乐观而专注的能力

坚韧虽然是面对困难和压力时表现出来的意志力，但坚韧性的培养需要通过培养乐观和专注的能力入手。悲观消耗一个人的能量，即悲观使个体需要花一部分能量克服自己悲观的想法。特别是，对农村大学生来说，他们往往可能有过贫困的生活经历，认知心理学认为，贫困消耗或占据了个体有限的心理资源，而因此导致的失败会让个体更加悲观和自卑。而乐观的人即便在目标实现可能性并不高的情况下，仍然追求目标，因此在面对困难时没有那么大的心理压力，从而更容易战胜困难。美国心理学会前会长 Seligman 认为，乐观是可以习得的，主要是通过将悲观的解释模式转变为乐观的解释模式。在我们的心理干预实验中，就是通过自我辩论的方式去帮助学员重新审视过往解释模式中的悲观之处，通过辩论将其改变为更乐观积极的归因方式。

研究表明，人们在紧张和压力情况下，容易导致自控力的下降，而放松专注反而会提升个体面对压力时的坚韧性和自控力。心理学家米哈里·希斯赞特米哈伊（Mihaly Csikszentmialyi）定义心流为一种将个体注意力完全投注在某活动上的感觉，心流产生时同时会有高度的兴奋及充实感[①]。这使得一个人完全沉浸在创作中，不仅是美好的心理体验，也能创造出有价值的事物。在我国优秀传统文化中，推崇中庸的进取之路，进取并不是面目狰狞的苦忍，而是进入一种平和旷达的境界。冥想是降低焦虑、提升专注力的一种有效方式，有关脑神经科学的研究表明，冥想能改变大脑机能，有重塑大脑前额叶的作用，而前额叶与意志

---

① 米哈里·希斯赞特米哈伊. 创造力：心流与创新心理学 ［M］. 黄珏苹，译. 杭州：浙江人民出版社，2015.

力密切相关①。

(四) 塑造进取心的行为风格：表达与合作

农村大学生往往比城镇大学生在自我表达和人际交往方面更缺乏自信，从而在敢为和合作两个维度上较城镇大学生更低。大学生进取心维度中的敢为性主要表现为敢于尝试、热爱生活、善于创新等方面的行为风格，除了从信念和意志力两股进取的驱动力着手，还可以通过从行为上进行引导和塑造，帮助农村大学生提升进取心水平。表达性艺术疗法是一种借助艺术的方式，引导不擅长表达的个体，表达自我的一种方法。借助艺术的力量，和心理团辅技术的引导，运用肢体舞动、绘画等方式，带动个体参与到对自我的体验和感受中，并将体验和感受在毫无压力的情境下表达出来，唤醒团队成员的无意识，激发原始动力，基于成员之间的动力传递以及能量渗透，赋予艺术元素以特殊的心理意义，有效整合心理资源，拓展心理空间，达到心灵成长的目的②③。实证研究表明，表达性艺术治疗团辅不仅具有疗愈性④，还具有发展性，比如，提升自我效能感、主观幸福感⑤，甚至能提升创造性、开放性与体验性⑥。

此外，表达性艺术疗法主要效果在于心灵的打开，提升创造和开放性，从而提升敢为性。但在现实生活中，需要面对人与人交往与合作的

---

① 冯缙. 自我控制的"前额叶—皮质下平衡理论"［J］. 心理学探新，2013，33（3）：205-208.

② Diamond S，Lev-Wiesel R. The Title "Therapy" and What Do You Do With It As a Child? Recollections of Being in Child Expressive Arts Group Therapy ［J］. Clinical Child Psychology Psychiatry，2017，22（1）：152-164.

③ 章学云. 表达性艺术治疗研究综述 ［J］. 上海教育科研，2018（2）：78-81.

④ 龚凯韵. 表达性艺术治疗的疗愈和实践应用 ［J］. 大众心理学，2022（1）：6-9.

⑤ 武瑾，徐珍珍，张亚迪，等. 积极心理学视野下表达性艺术治疗对慢阻肺患者自我效能及心理韧性的影响 ［J］. 江苏预防医学，2020，31（5）：594-597.

⑥ 严文华. 表达性艺术治疗的多样性、体验性和创造性 ［J］. 大众心理学，2022（1）：9.

情境。进取的人是善于合作的,而农村大学生在这一方面缺乏相应的经验和技巧,通过团辅的方式可以让团员感受到团队的凝聚力,提升对人际的安全感,并将在团队中积极交往的方式沿用到现实生活中。

主要参考文献

一、中文文献

（一）中文专著

［1］黄希庭，尹天子．做幸福进取者［M］．南京：江苏人民出版社，2016.

［2］陈向明．质的研究方法与社会科学研究［M］．北京：教育科学出版社，2000.

［3］杨国枢，文崇一，吴聪贤，等．社会及行为科学研究法［M］．重庆：重庆大学出版社，2006.

［4］陈来．中华文明的核心价值：国学流变与传统价值观［M］．北京：生活·读书·新知三联书店，2015.

（二）中文期刊

［1］李君如．实现中华民族伟大复兴的行动指南［J］．人民论坛，2018（3）.

［2］黄希庭．压力、应对与幸福进取者［J］．西南大学学报（人文社会科学版），2006（3）.

［3］李树杰，黄希庭．《四库全书》中进取的心理学指标和维度初探［J］．西南大学学报（社会科学版），2021，47（1）.

［4］傅安国，吴娜，黄希庭．面向乡村振兴的心理精准扶贫：内

生动力的视角［J］. 苏州大学学报（教育科学版），2019，7（4）.

［5］陈锡文. 乡村振兴应重在功能［J］. 乡村振兴，2021（10）.

［6］辛自强. 心理建设：社区治理新方向［J］. 人民论坛，2016（27）.

［7］辛自强. 社会治理中的心理学问题［J］. 心理科学进展，2018，26（1）.

［8］陈雪峰. 心理服务助推全面脱贫和乡村振兴［J］. 中国科学院院刊，2020，35（10）.

［9］傅小兰，蔡华俭. 心安国安 心治国治：把握时代心理脉搏提升国家凝聚力［J］. 中国科学院院刊，2016，31（11）.

［10］吕小康，汪新建，付晓婷. 为什么贫困会削弱决策能力？三种心理学解释［J］. 心理科学进展，2014，22（11）.

［11］徐富明，张慧，马红宇，等. 贫困问题：基于心理学的视角［J］. 心理科学进展，2017，25（8）.

［12］周怡. 贫困研究：结构解释与文化解释的对垒［J］. 社会学研究，2002（3）.

［13］赵迪，罗慧娟. 欧美国家农村相对贫困治理的经验与启示［J］. 世界农业，2021（9）.

［14］伍麟，杨旸. 农村社会心理服务体系建设中的技术应用［J］. 中州学刊，2020（4）.

［15］金盛华，单雯，陆洁雯. 贫困地区民众价值取向及其影响因素：以国家级贫困县 W 县为例［J］. 青年研究，2011（3）.

［16］臧运洪，杨静，伍麟. 贫困大学生积极心理品质量表的结构验证［J］. 心理学探新，2017，37（5）.

［17］胡小勇，徐步霄，杨沈龙，等. 心理贫困：概念、表现及其干预［J］. 心理科学，2019，42（5）.

［18］杜刚，黄希庭，吕厚超，等. 开放式主题访谈：一种中国社

区心理学研究范式载体 [J]. 西南大学学报（社会科学版），2021，47 (2).

[19] 王登峰，崔红. 心理社会行为的中西方差异："性善—性恶文化"假设 [J]. 西南大学学报（社会科学版），2008 (1).

[20] 姜永志，白晓丽. 文化变迁中的价值观发展：概念、结构与方法 [J]. 心理科学进展，2015，23 (5).

[21] 胡金生，黄希庭. 自谦：中国人一种重要的行事风格初探 [J]. 心理学报，2009，41 (9).

[22] 程翠萍，黄希庭. 我国古籍中"勇"的心理学探析 [J]. 心理科学，2016，39 (1).

[23] 冯缙，秦启文. 传统文化中寒门学子"进取"的指标与维度研究 [J]. 心理研究，2020，13 (4).

[24] 张青方，郑日昌. 希望理论：一个新的心理发展视角 [J]. 中国心理卫生杂志，2002 (6).

[25] 刘孟超，黄希庭. 希望：心理学的研究述评 [J]. 心理科学进展，2013，21 (3).

[26] 赵鑫，王艺璇，马小凤，等. 贫困对个体执行功能的影响 [J]. 心理科学，2020，43 (5).

[27] 李英，贾米琪，郑文廷，等. 中国农村贫困地区儿童早期认知发展现状及影响因素研究 [J]. 华东师范大学学报（教育科学版），2019，37 (3).

[28] 周宵，伍新春，王文超. 青少年的乐观与创伤后成长的关系：希望与反刍的中介作用 [J]. 心理发展与教育，2017，33 (3).

[29] 雷鸣，戴艳，张庆林. 不同复原类型贫困大学生人格的差异分析 [J]. 心理学探新，2010，30 (4).

[30] 童星，缪建东. 自我效能感与大学生学业成绩的关系：学习乐观的中介作用 [J]. 高教探索，2019 (3).

[31] 于海波，郑晓明，许春燕，等．大学生可就业能力与主客观就业绩效：线性与倒 U 型关系 [J]．心理学报，2014，46（6）．

[32] 何瑾，樊富珉．西部贫困大学生心理健康状况与教育对策研究 [J]．清华大学教育研究，2007（2）．

[33] 张秀梅，王中对，廖传景．高校贫困生抑郁心理及影响因素研究 [J]．高校教育管理，2016，10（2）．

[34] 范兴华，方晓义，刘杨，等．流动儿童歧视知觉与社会文化适应：社会支持和社会认同的作用 [J]．心理学报，2012，44（5）．

[35] 谢其利，宛蓉，张睿，等．歧视知觉与农村贫困大学生孤独感：核心自我评价、朋友支持的中介作用 [J]．心理发展与教育，2016，32（5）．

[36] 李从松．贫困对贫困生价值观形成的影响 [J]．青年研究，2002（2）．

[37] 段成荣，吕利丹，郭静，等．我国农村留守儿童生存和发展基本状况：基于第六次人口普查数据的分析 [J]．人口学刊，2013，35（3）．

[38] 陈京军，范兴华，程晓荣，等．农村留守儿童家庭功能与问题行为：自我控制的中介作用 [J]．中国临床心理学杂志，2014，22（2）．

[39] 许多多．大学如何改变寒门学子命运：家庭贫困、非认知能力和初职收入 [J]．社会，2017，37（4）．

[40] 习近平．高举中国特色社会主义伟大旗帜　为全面建设社会主义现代化国家而团结奋斗：在中国共产党第二十次全国代表大会上的报告 [J]．奋斗，2022（20）．

[41] 孟可强，王丽，李旺，等．构建乡村社会心理服务体系助力乡村振兴战略 [J]．中国科学院院刊，2023，38（3）．

[42] 傅安国，张再生，郑剑虹，等．脱贫内生动力机制的质性探

究 [J]. 心理学报，2020，52（1）.

（三）其他文献

[1] 习近平. 关于《中共中央关于制定国民经济和社会发展第十四个五年规划和二○三五年远景目标的建议》的说明 [N]. 人民日报，2020-11-3（2）.

[2] 2021年中央一号文件公布提出全面推进乡村振兴 [EB/OL]. 新华网，2021-02-21.

[3] 中共中央　国务院. 中长期青年发展规划（2016—2025年）[EB/OL]. 新华网，2017-04-13.

二、英文文献

（一）英文专著

[1] Charmaz K. Constructing Grounded Theory：A Practical Guide Through Qualitative Analysis [M]. London：Sage Publications，2006.

（二）英文期刊

[1] Rutten E A, Schuengel C, Dirks E, et al. Predictors of Antisocial and Prosocial Behavior in an Adolescent Sports Context [J]. Social Development，2011，20（2）.

[2] Lewis O. The Culture of Poverty [J]. Scientific American，1966，215（4）.

[3] Mani A, Mullainathan S, Shafir E, et al. Poverty Impedes Cognitive Function [J]. Science，2013，341（6149）.

[4] Deci E L, Ryan R M. The General Causality Orientations Scale：Self-Determination in Personality [J]. Journal of Research in Personality，1985，19（2）.

［5］Liu D, DIorio J, Tannenbaum B, et al. Maternal Care, Hippocampal Glucocorticoid Receptors, and Hypothalamic−Pituitary−Adrenal Responses to Stress ［J］. Science, 1997, 277 (5332).

［6］Bedrosian T A, Quayle C, Novaresi N, et al. Early Life Experience Drives Structural Variation of Neural Genomes in Mice ［J］. Science, 2018, 359 (6382).

［7］Pascoe E A, Richman L S. Perceived Discrimination and Health: A Meta−Analytic Review ［J］. Psychological Bulletin, 2009, 135 (4).

［8］Wu C L. Social Consciousness of Low−Income College Students in Taiwan: The Effects of Socioeconomic Status and Collegiate Involvement ［J］. Asia Pacific Education Review, 2014, 15.

［9］Shi Y J, Zhang L X, Ma Y, et al. Dropping Out of Rural China's Secondary Schools: A Mixed − Methods Analysis ［J］. China Quarterly, 2015, 224 (224).

［10］De Jong J P J, Parker S K, Wennekers S, et al. Entrepreneurial Behavior in Organizations: Does Job Design Matter? ［J］. Entrepreneurship Theory & Practice, 2015, 39 (4).

［11］Hoge E A, Bui E, Mete M, et al. Mindfulness − Based Stress Reduction VS Escitalopram for the Treatment of Adults with anxiety Disorders: A Randomized Clinical Trial ［J］. Jama Psychiatry, 2023, 80 (1).

［12］Blanchflower D G, Shadforth C. Entrepreneurship in the UK ［J］. Foundations and Trends in Entrepreneurship, 2007, 3 (4).

［13］Snyder C R. Hope Theory: Rainbows in the Mind ［J］. Psychological Inquiry, 2002, 13 (4).

附　录

大学生进取心问卷

指导语：您好！这是针对大学生进取心的测查。问卷答案没有对错之分，请根据自己的第一反应作答，在"完全不符合"到"完全符合"五个等级中进行选择，谢谢！

题项	完全不符合	比较不符合	不清楚	比较符合	完全不符合
1. 我有比较清晰的长期、中期、短期目标					
2. 我学习认真刻苦、精益求精					
3. 我可以长期坚持做一件事并且精益求精					
4. 我很少有畏难情绪，敢于迎难而上					
5. 当遇到挫折时，我能够尽快调整自己的情绪					
6. 我自律性较强，不易受周围诱惑而改变计划					
7. 我善于进行时间管理，能够协调学习、工作和闲暇时间					

续表

题项	完全 不符合	比较 不符合	不清楚	比较 符合	完全 不符合
8. 我认为个体的进取也会促进整个社会的进步与和谐					
9. 我希望未来能通过自己的努力为他人或社会做出贡献					
10. 我乐于奉献，因此获得他人的赞许和尊敬让我很满足					
11. 我与同学互帮互助共同进步					
12. 当我看到生活有困难的弱势群体时，我会尽己所能提供帮助					
13. 我喜欢与同学分享学习经验					
14. 我善于在团队协作中发挥自己的作用					
15. 为了达到团队目标，我不介意多做一点事情					
16. 我相信全体人民共同富裕的目标会实现					
17. 我相信自己的家乡会越来越好					
18. 因为有目标那个愿景在那里，我们对未来是充满希望的					
19. 我相信通过进取能够实现自己的价值，让生活更有意义					
20. 我相信将来能让自己和家人生活得更富裕、美好					

续表

题项	完全不符合	比较不符合	不清楚	比较符合	完全不符合
21. 我支持国家建设，跟随政策行事					
22. 我认为共同富裕是公平正义，不是平均主义					
23. 我敢于承认错误，不被错误击败					
24. 我认为进取的人需要有开放的心态					
25. 我乐于尝试新鲜的事物					
26. 尽管存在失败的风险，我也愿意去尝试自己梦想的事情					
27. 我有一项以上业余爱好					
28. 我做事踏实，老师和同学都很信任我					
29. 我做事负责，不推脱责任					
30. 答应别人的事情，我都会尽力去做					
31. 我做事追求切实有成效					
32. 如果没有达成目标，我会反省自己是否尽心尽力					

计分方式：

从"完全不符合"到"完全符合"五级分别计分：1分、2分、

3分、4分、5分。

维度划分：

第1~7题为坚韧；

第8~15题为合作；

第16~22题为希望；

第23~27题为敢为；

第28~32题为踏实。